中国电子信息工程科技发展研究

# 遥感过程控制与智能化专题

中国信息与电子工程科技发展战略研究中心

科学出版社

北京

## 内 容 简 介

本书较为系统地阐述了遥感过程控制与智能化方法，回顾了遥感过程控制的历史演变与发展，调研了国际现状，总结了我国现状与特色，给出了遥感过程的系统构成与关键技术，遥感过程控制作为智能化基础的难点热点，最后展望了遥感过程智能化构建体系。本书指出，遥感的未来是智能化，智能化的前提是自动化，自动化的理论基础是控制论。

本书是遥感空间信息领域源头交叉创新的重要总结，可以为我国遥感科学、技术和工程自主发展、学科建设和人才成长提供有效参考。


**图书在版编目（CIP）数据**

中国电子信息工程科技发展研究. 遥感过程控制与智能化专题/中国信息与电子工程科技发展战略研究中心编著. —北京：科学出版社，2023.3

ISBN 978-7-03-074350-3

Ⅰ. ①中… Ⅱ. ①中… Ⅲ. ①电子信息-信息工程-科技发展-研究-中国②遥感技术-过程控制-研究-中国 Ⅳ. ①G203②TP7

中国版本图书馆 CIP 数据核字（2022）第 240037 号

责任编辑：赵艳春 / 责任校对：胡小洁

责任印制：吴兆东 / 封面设计：迷底书装

科学出版社 出版

北京东黄城根北街 16 号

邮政编码：100717

http://www.sciencep.com

北京虎彩文化传播有限公司 印刷

科学出版社发行 各地新华书店经销

*

2023 年 3 月第 一 版 开本：890×1240 A5

2023 年 3 月第一次印刷 印张：8 3/8

字数：200 000

**定价：109.00 元**

（如有印装质量问题，我社负责调换）

# 《中国电子信息工程科技发展研究》指导组

组　长：

吴曼青　费爱国

副组长：

赵沁平　余少华　吕跃广

成　员：

丁文华　刘泽金　何　友　吴伟仁

张广军　陈　杰　罗先刚　柴天佑

廖湘科　谭久彬　樊邦奎

顾　问：

陈左宁　卢锡城　李天初　陈志杰

姜会林　段宝岩　邬江兴　陆　军

# 《中国电子信息工程科技发展研究》工作组

组　长：

　　　　余少华　陆　军

副组长：

　　　　张洪天　党梅梅　曾倬颖

国家高端智库

CETC 中国电科　CAICT 中国信通院

中国信息与电子工程科技发展战略研究中心
CHINA ELECTRONICS AND INFORMATION STRATEGIES

# 中国信息与电子工程科技发展战略研究中心简介

中国工程院是中国工程科学技术界的最高荣誉性、咨询性学术机构，是首批国家高端智库试点建设单位，致力于研究国家经济社会发展和工程科技发展中的重大战略问题，建设在工程科技领域对国家战略决策具有重要影响力的科技智库。当今世界，以数字化、网络化、智能化为特征的信息化浪潮方兴未艾，信息技术日新月异，全面融入社会生产生活，深刻改变着全球经济格局、政治格局、安全格局，信息与电子工程科技已成为全球创新最活跃、应用最广泛、辐射带动作用最大的科技领域之一。为做好电子信息领域工程科技类发展战略研究工作，创新体制机制，整合优势资源，中国工程院、中央网信办、工业和信息化部、中国电子科技集团加强合作，于 2015 年 11 月联合成立了中国信息与电子工程科技发展战略研究中心。

中国信息与电子工程科技发展战略研究中心秉持高层次、开放式、前瞻性的发展导向，围绕电子信息工程科技发展中的全局性、综合性、战略性重要热点课题开展理论研究、应用研究与政策咨询工作，充分发挥中国工程院院士，国家部委、企事业单位和大学院所中各层面专家学者的智力优势，努力在信息与电子工程科技领域建设一流的战略思想库，为国家有关决策提供科学、前瞻和及时的建议。

# 《中国电子信息工程科技发展研究》编写说明

当今世界，以数字化、网络化、智能化为特征的信息化浪潮方兴未艾，信息技术日新月异，全面融入社会经济生活，深刻改变着全球经济格局、政治格局、安全格局。电子信息工程科技作为全球创新最活跃、应用最广泛、辐射带动作用最大的科技领域之一，不仅是全球技术创新的竞争高地，也是世界各主要国家推动经济发展、谋求国家竞争优势的重要战略方向。电子信息工程科技是典型的“使能技术”，几乎是所有其他领域技术发展的重要支撑，电子信息工程科技与生物技术、新能源技术、新材料技术等交叉融合，有望引发新一轮科技革命和产业变革，给人类社会发展带来新的机遇。电子信息工程科技作为最直接、最现实的工具之一，直接将科学发现、技术创新与产业发展紧密结合，极大地加速了科学技术发展的进程，成为改变世界的重要力量。电子信息工程科技也是新中国成立 70 年来特别是改革开放 40 年来，中国经济社会快速发展的重要驱动力。在可预见的未来，电子信息工程科技的进步和创新仍将是推动人类社会发展的最重要的引擎之一。

把握世界科技发展大势，围绕科技创新发展全局和长远问题，及时为国家决策提供科学、前瞻性建议，履行好国家高端智库职能，是中国工程院的一项重要任务。为此，中国工程院信息与电子工程学部决定组织编撰《中国电子信息工程科技发展研究》(以下简称“蓝皮书”)。2018 年 9 月至今，编撰工作由余少华、陆军院士负责。“蓝皮书”分综合篇和专题篇，分期出版。学部组织院士并动员各方面专家 300 余人参与编撰工作。“蓝皮书”编撰宗旨是：分析研究电子信息领域年度科技发展情况，综合阐述国内外年度电子信息领域重要突破及标志性成果，为我国科技人员准确把握电子信息领域发展趋势提供参考，为我国制定电子信息科技发展战略提供支撑。

“蓝皮书”编撰指导原则如下：

(1) 写好年度增量。电子信息工程科技涉及范围宽、发展速度快，综合篇立足“写好年度增量”，即写好新进展、新特点、新挑战和新趋势。

(2) 精选热点亮点。我国科技发展水平正处于“跟跑”“并跑”“领跑”的三“跑”并存阶段。专题篇力求反映我国该领域发展特点，不片面求全，把关注重点放在发展中的“热点”和“亮点”问题。

(3) 综合与专题结合。“蓝皮书”分“综合”和“专题”两部分。综合部分较宏观地介绍电子信息科技相关领域全球发展态势、我国发展现状和未来展望；专题部分则分别介绍 13 个子领域的热点亮点方向。

5 大类和 13 个子领域如图 1 所示。13 个子领域的颗粒度不尽相同，但各子领域的技术点相关性强，也能较好地与学部专业分组对应。

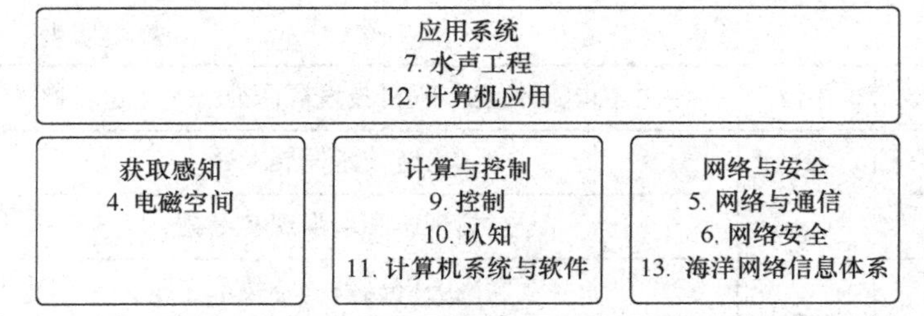


图 1　子领域归类图

前期，“蓝皮书”已经出版了综合篇、系列专题和英文专题，见表 1。

**表 1　“蓝皮书”整体情况汇总**

| 序号 | 年份 | 中国电子信息工程科技发展研究——专题名称 |
|---|---|---|
| 1 | 2019 | 5G 发展基本情况综述 |
| 2 | | 下一代互联网 IPv6 专题 |
| 3 | | 工业互联网专题 |
| 4 | | 集成电路产业专题 |
| 5 | | 深度学习专题 |
| 6 | | 未来网络专题 |
| 7 | | 集成电路芯片制造工艺专题 |
| 8 | | 信息光电子专题 |
| 9 | | 可见光通信专题 |
| 10 | 大本子 | 中国电子信息工程科技发展研究（综合篇 2018—2019） |

续表

| 序号 | 年份 | 中国电子信息工程科技发展研究——专题名称 |
| --- | --- | --- |
| 11 | 2020 | 区块链技术发展专题 |
| 12 | | 虚拟现实和增强现实专题 |
| 13 | | 互联网关键设备核心技术专题 |
| 14 | | 机器人专题 |
| 15 | | 网络安全态势感知专题 |
| 16 | | 自然语言处理专题 |
| 17 | 2021 | 卫星通信网络技术发展专题 |
| 18 | | 图形处理器及产业应用专题 |
| 19 | 大本子 | 中国电子信息工程科技发展研究（综合篇 2020—2021） |
| 20 | 2022 | 量子器件及其物理基础专题 |
| 21 | | 微电子光电子专题 |
| 22 | | 光学工程专题 |
| 23 | | 测量计量与仪器专题 |
| 24 | | 网络与通信专题 |
| 25 | | 网络安全专题 |
| 26 | | 电磁场与电磁环境效应专题 |
| 27 | | 控制专题 |
| 28 | | 认知专题 |
| 29 | | 计算机应用专题 |
| 30 | | 海洋网络信息体系专题 |
| 31 | | 智能计算专题 |

从 2019 年开始，先后发布《电子信息工程科技发展十四大趋势》和《电子信息工程科技十三大挑战》(2019 年、2020 年、2021 年、2022 年）4 次。科学出版社与 Springer 出版社合作出版了 5 个专题，见表 2。

**表 2　英文专题汇总**

| 序号 | 英文专题名称 |
| --- | --- |
| 1 | Network and Communication |
| 2 | Development of Deep Learning Technologies |
| 3 | Industrial Internet |
| 4 | The Development of Natural Language Processing |
| 5 | The Development of Block Chain Technology |

相关工作仍在尝试阶段，难免出现一些疏漏，敬请批评指正。

中国信息与电子工程科技发展战略研究中心

# 前　言

现代信息具有两个显著特点：80%与时间空间相关，80%由图像表达(其余如声音和文字表达信息各约占 7%)，此即空间信息。空间信息来自遥感，并通过遥感来解释所观测对象的性状。遥感是国家安全和美丽中国建设的千里眼，是解决西方卡脖子技术的国之重器。由此成为该专题立项的出发点。

本书第 1 章阐述了：①遥感的过程本质，即解析所观测对象的 When、Where、What、Why。前两者结合导航定位实现；后两者通过电磁光波与观测对象的相互作用，经反射或辐射后被航空航天地基光电平台捕获其信息，经处理反映观测对象的几何、辐射、物理、化学等属性。②遥感过程的构成，是由导航定位和电磁激励光波 2 个输入源，涉及观测对象地学过程、观测手段光电转换过程、观测处理信息萃取过程 3 个环节构成。③遥感过程的控制。遥感作为多学科交叉的领域，只有依次链通、贯穿并闭环于这几个量纲不同的学科，建立起遥感过程控制的整套理论方法与技术手段，才有望实现遥感自动化定量化实时化效能，并服务于智能化未来。

第 2 章从多个方面总结归纳了遥感对象、手段、处理三个环节的全球进展。①航天为主导的观测手段目前已经实现了自动化，即传感器—仪器—平台—传输自动化。②遥感处理即数据信息的获取—处理—分发—显示的过程未能实现整体贯通进而限制了实时化。③遥感对象地表定量解译在光学辐射传输过程（贯穿大气—地物反射—透过大气）中未实现模型的整体贯通，进而限制了定量化。因此，迫切需要遥感过程控制的系统化方法，为遥感自动化智能化发展提供新契机。

第 3 章阐述了我国遥感特点。①航空航天遥感两大战略互补发展战略及我国地表地貌自然特征下定量化应用特色；②在遥感手段和遥感处理上独立自主，奋起直追，实现并跑；③在遥感对象、遥感两个输入源的建设上，在遥感三要素过程的自动化控制上，独辟蹊径；④三者结合，在国际上率先实现遥感过程控制的全面跨越。

第 4 章阐述遥感过程控制系统构成与关键技术。①导航定位输入源人工与自然场结合，以确保空间信息时空矢量的自主安全；电磁光波输入源非均衡偏振场效应，以破解遥感最大误差源——大气衰减的长期困扰并贯通遥感三个环节。②遥感对象-地表信息作为最复杂、最基本的控制论模型贯通传递方法，以破解定量化困扰。③遥感手段，包括传感器-仪器-平台光机电贯通实现误差传递，反馈到遥感对象的定标链路的误差校正，以破解自动化困扰。④遥感处理，包括基于经纬表征地表对象到传感器的锥体成像光路的极坐标基准体系构建，影像处理过程时空—频域转换分析与表达等，以破解实时性困扰。

第 5 章是遥感过程控制的热点与难点，是遥感智能化基础。①面向智能化的通导遥全过程不确定性控制基础；②可评估遥感激励源太阳光波精度极限的时空相对论效应验证；③遥感对象(地表)与太阳电磁波三维矢量全参数相互作用定量化新特征；④遥感手段从芯片到成像仪器新技术；⑤破解遥感对象-遥感手段“天地断点”的地物-传感器物理参量贯通的自动化方法；⑥遥感手段-遥感处理智能化贯通的实时动态控制新技术；⑦遥感处理-遥感对象智能化反馈贯通的时间分辨率、月球辐亮度基准等创建；⑧电磁光波贯通遥感全链路的三维光量子精度水平下偏振分辨率及矢量遥感动态控制技术；⑨遥感过程“最后一公里”落地的时空-理化信息智能融合终极应用。

第 6 章以国家“四个面向”需求牵引展望如何构建遥感过程智能化体系。①面向世界科技前沿的矢量遥感过程全参数智能控制体系；②面向国民经济主战场需求如农业粮食安全监测的遥感过程智能一体(自动)化及控制理论体系；③面向国家重大需求如低碳减排、能源安全监测的遥感过程智能定量化及技术标准体系；④面向人民生命健康如群体安全事件、新冠病毒时空传播、地震应急救援等遥感过程智能实时化及组网方法体系；⑤服务于国家“四个面向”的遥感过程智能化及产业体系。由此实现遥感智能化过程的每一个独立环节技术构建，各环节之间连接与反馈机制的顶层设计。

希望抛砖引玉，期待批评斧正。

北京大学晏磊

lyan@pku.edu.cn

2022.07.03

# 目　录

# 第1章　绪　　论

遥感是国家社会经济发展、国家安全的眼睛，在创新型国家建设中占有重要战略地位。

在《“十三五”国家战略性新兴产业发展规划》中提出：构建星座和专题卫星组成的遥感卫星系统，形成“高中低”分辨率合理配置、空天地一体多层观测的全球数据获取能力；加强地面系统建设，汇集高精度、全要素、体系化的地球观测信息，构建“大数据地球”。在《中华人民共和国国民经济和社会发展第十四个五年规划和 2035 年远景目标纲要》中提出：打造全球覆盖、高效运行的通信、导航、遥感空间基础设施体系。

总之，遥感是国家须臾不可或缺的战略领域，是解决西方卡脖子技术的国之重器、必须独立自主建设发展的高科技战略产业。本书重点以变化比较复杂多样、使用最为广泛的光学被动(光源为自然太阳光)遥感为主要研究分析对象，少量涉及红外及 LiDAR，SAR 等主动(光源为人工)遥感，相关过程控制和智能化成果可以为不同遥感方式提供有效参考。

## 1.1　遥感过程定义与系统控制分类

本节引入遥感过程的概念、定义，并对遥感过程的系统控制各环节进行分类。

1) 遥感过程的概念与定义

遥感(Remote Sensing，RS)，即遥远的感知，就对地观测而言，可谓碧空慧眼、纵览寰球。遥感的经典定义为：利用影像装置，通过非接触手段观测或获取目标相关现象的特征信息。国内通用的定义为：通过探测仪器的非接触探测，接收来自目标对象的电磁波信息，经过数据处理，识别目标的属性信息。而遥感的广义理解是：利用电磁场、力场、机械波(声波、地震波)等，对所有无接触的目标进行远距离探测[1, 2]。

遥感可被视为一个照相并理解相片内容的过程，当然遥感要比普通照相复杂得多。人类通过大量的实践发现：发射、反射和吸收信息和能量是所有物质的共同特点，电磁波即为其中一种形式。遥感就是依据“不同物质的电磁波特性不同”这一原理来探测地表，刻画地表不同物质的属性信息。为了实现遥远的感知，卫星和飞机等平台必不可少，用于搭载观测仪器。当在地面进行观测时，还会用到地面相关平台，如车载平台等。各类传感器可以针对不同应用和波段范围探测并接收地表对象在不同波长范围内的电磁辐射(例如可见光 0.38～0.76μm、红外 0.76～1000μm、微波 1～1000mm 等)，按一定物理方式转换成电子信号[3]；电子信号被地面站接收后转换为原始图像或非成像信息，再经过一系列不同层次的处理，才能形成不同等级的产品提供给用户使用。

遥感过程是通过人或无人的控制实现的。应用遥感手段观测分析对象很有优势，如可从遥感图像上解译不同地物的分布模式和空间关系，进而可监视地物的动态变化情况等。因此，通过遥感手段获取的观测对象信息，可以真实客观、多尺度、多维度地记录某一时刻传感器观测范围内的观测对象状况。遥感图像蕴涵了丰富的对象信息，与我们常见的普通相片有很大不同，必须学习并掌握遥感图像的处理、解译等技术(如几何校正、辐射校正、重采样、图像增强、监督与非监督分类等)，才能更好地应用遥感图像[4]。

因此，对遥感过程进行有效控制并追溯时空观测对象物理化学性状是遥感的本质。从技术实现上看，遥感过程可定义为：利用电磁波等，探测获取可观测对象的When、Where、What、Why性状；前两者结合导航定位实现，后两者通过电磁波与观测对象的相互作用，反射或辐射后被航空航天地基光电平台捕获其信息，经处理反映观测对象的几何、辐射、物理、化学等属性。因此，遥感信息是具有时间加空间四维时空参量下观测对象的理化特征。

2) 遥感观测手段的过程控制

遥感观测手段包括入射能量从传感器-仪器-平台-传输的全链路过程控制，根据传感器与地面距离的远近，遥感可划分为航天遥感、平流层遥感、航空遥感及地面遥感等主要方式。

(1) 航天遥感过程及控制

航天遥感过程是指入射能量从传感器—仪器—卫星平台—传输的全链路自动化过程，又称为卫星遥感过程。

因为传感器搭载在卫星之上，离地面高度至少为

200km，其广泛的应用始于20世纪70年代。1957年10月4日，第一颗人造地球卫星在苏联发射成功，为航空遥感向航天遥感发展提供了可能性。1958年2月1日，美国发射了第一颗人造卫星“探险者1号”。我国发射的第一颗人造卫星是“东方红1号”，时间是1970年4月24日。目前，人造卫星已经成为发射数量最多、用途最广、发展最快的航天平台。而在卫星上安装各种传感器，可以用于不同的科学探测，服务于地球对象观测，如自然资源调查、环境监测、生态保护等。

美国1966年发起的“地球资源卫星计划(Earth Resources Technology Satellites Program)”于1969年在HSBR研究中心(Hughes Santa Barbara Research Center)正式启动，是目前运行时间最长的地球观测计划。1970年秋，陆地卫星的主要载荷完成研制，并在测试中成功运作[5]。

1972年美国发射了第1颗地球资源技术卫星ERTS-1，从1975年的第2颗地球资源技术卫星起，更名为Landsat系列[6, 7]，直至2021年发射的Landsat-9。

在美国推行陆地卫星计划之后的1980年起，其他国家也开展了自己的对地观测系统研究，如法国的SPOT和Pleiades系列卫星[8]，欧洲空间局的ERS和哨兵系列卫星[9]，日本的JERS和ALOS系列卫星[10]，印度的IRS系列卫星[11]，俄罗斯的ALMA22和RESOURSO2卫星[12]。

紧追和赶超西方国家航天遥感发展的步伐，我国从1970年发射了第一颗人造卫星起，形成了多种用途的卫星系列以及后续的“北斗”导航定位和高分系列遥感卫星，使得我国跃入了航天大国的行列[13]。

(2) 平流层遥感过程及控制

平流层遥感过程是指入射能量从传感器—仪器—飞艇平台—传输的全链路过程，只能自动化实现。

飞艇平台介于航空近地层(借助空气浮力)和航天低轨道(无阻净空借助惯性空间轨道)之间的平流层，主要指距离地面的 20～50km 区间。相比航天/航空遥感而言，平流层遥感是地球观测领域中较为空白的平台区间，人类已经开启了对平流层遥感的技术原理和方法探索，目前的平流层研究和试验主要在 17～20km。平流层遥感可全天候、全天时对地观测，获取遥感数据。平流层遥感一般采用飞艇作为遥感平台，与航天/航空遥感平台的差别如表 1.1 所示。

表 1.1 不同遥感平台的指标对比[15]

| | 航天遥感平台 | 航空遥感平台 | 平流层遥感平台 |
|---|---|---|---|
| 高度 | >200km | 0～10km | 17～20km(目前可试验区间) |
| 回收与重复使用 | 不好，只能长时间按一定轨道飞行 | 好 | 好，易更新维护、易换载荷、易部署到特定区域、易升空 |
| 成本 | 高 | 一般 | 低 |
| 影像清晰度 | 低 | 高 | 高 |
| 对地观测时长 | 瞬时 | 瞬时 | 全天时连续观测 |
| 动能来源 | 前期燃料，后期太阳能 | 电池 | 太阳能 |
| 安全性 | 好 | 一般 | 好 |

续表

| | 航天遥感平台 | 航空遥感平台 | 平流层遥感平台 |
|---|---|---|---|
| 覆盖面 | 大 | 较小 | 较大 |
| 驻空时间 | 2～20年 | 几十分钟到几十小时 | 0.5～3年 |

(3) 航空遥感过程及控制

航空遥感过程是指入射能量从传感器—仪器—航空平台—传输的全链路过程。航空遥感主要依赖有人机和无人机平台：①对于载人机平台，前面三个环节已经实现了自动化，但传输环节必须等待载人机返回地面后进行手动拷贝数据来实现。②而对于无人机平台，基本实现了四个环节的自动化过程控制，但传输环节分为两种，一种是直接下传影像的快视图，另一种是等待无人机返回地面后进行手动拷贝数据。

航空平台主要指近地 20km 以下借助飞机、飞艇等航空平台搭载传感器的系统。1915 年世界出现了第一台航空摄影相机，并服务于两次世界大战。在此之前，人类还用气球、鸽子、风筝等作为平台进行摄影；1858 年，Gaspard Felix Tournachon 用气球拍摄了巴黎的“鸟瞰”照片，可以说是最早的航空摄影。第一次世界大战结束后，航空摄影方法开始在地质和土木工程领域广泛应用，主要用于勘察和制图。此外，还应用于牧场和土地调查等。随后，多光谱、RGB 等其他成像技术应运而生[14]。

中国的航空遥感摄影测量始于 1902 年，北洋大学曾用进口的摄影经纬仪做建筑摄影测量试验。1950年代，解析法摄影测量加密的理论体系诞生，推动了航空摄影测量的广泛应用。1970年代末，在王之卓院士的推动下，我国逐步进入了数字摄影测量时代。

(4) 地面遥感过程及控制

所有服务于遥感的地面设施和移动体的观测过程，都定义为地面遥感过程，主要包括地面的接收装置，以高塔、车、船为平台以及人工或自动化采集设备(如地物波谱仪或传感器)的地面观测过程，是传感器定标、遥感信息模型建立、遥感信息提取的重要技术支撑。从遥感过程的三个环节来看，地面遥感过程是遥感观测手段与遥感数据处理之间的桥梁。

3) 遥感数据处理的过程控制

遥感数据处理过程是指数字影像的获取—处理—组织管理—存储显示—分发的全链路过程，主要包括遥感数据及地面接收系统(处理软件)。

(1) 遥感数据获取过程与处理类型控制

可见光/近红外遥感数据是最常见最主流的数据类型，热红外遥感、微波遥感、激光遥感、偏振遥感、夜光/微光遥感等数据获取类型也得到迅速发展。

所有接收太阳电磁波激励而不需要自己发射光源的遥感，都称为被动接收遥感，简称被动遥感，其特点是最大限度地利用了大自然馈赠的太阳光。热红外遥感能够获取热辐射信息并成像。微波遥感是基于太阳电磁波能量很弱的微波谱段，自制光源主动向观测对象发射特定频段和极化特性的电磁波，获取反射回来的电磁波而成像，称为主动遥感；由于微波波段不受阴雨、云雾等干扰，因此可以在恶劣天气条件下和夜晚成像，是全天候、全天时的遥感技术。激光遥感主动向观测对象发射特定激光束，获取反射回来的激光而形成点云影像。21世纪以来，中国积极推进偏振遥感发展，研究识别并命名了遥感的太阳电磁波横波偏振矢量，为电磁波全参数的矢量遥感建立和应用提供了坚实理论基础与广阔前景，成为中国人主导的遥感成像新手段。

在遥感的应用层面，定性地描述静态影像已无法满足人类的需求，逐渐演变为在动态的影像中定量化地解译更深层次的地表信息。

(2) 遥感数据处理过程的软件支撑

遥感数据处理软件以往主要是美国、欧洲等出品的系统，如ER MAPPER(澳大利亚 ERM 公司)、ERDAS IMAGINE(美国 ERDAS 公司)、ENVI(美国 Exelis Visual Information Solutions 公司)等。21世纪以来我国国产遥感软件迅猛发展，如SuperMap(北京超图软件股份有限公司，其主要业务在于地理信息的处理，但也集成了遥感图像的处理模块)、PIE(航天宏图信息技术股份有限公司)、Titan(北京航天泰坦科技股份有限公司，其主要业务在于地理信息的处理，但也集成了遥感图像的处理模块)、KQGIS(苍穹数码技术股份有限公司)等，不仅为我国遥感数据处理和应用提供了强大支撑，也在积极拓展国际市场与服务。

4) 遥感对象解译的过程控制

遥感对象解译过程指刻画入射能量经过大气—地表—大气的地表辐射传输的全链路过程。

遥感源自对远距离对象进行定量化评价鉴定的观测需求，遥感的终极目标是对观测对象进行准确识别和掌握其时空变化(发展)规律、与环境和其他对象(要素)的关联性等，从而为用户提供信息资讯服务，支持人们各行各业发展。遥感对象解译效能是遥感科学与技术发展水平的评判线，并且能有效检验、驱动遥感所有环节的发展进步。

遥感应用，尤其是基于遥感信息的地物解译定量化，是地学工作者的使命。与之密切关联的遥感信息综合处理体系21世纪已经初步建立；针对遥感物理机理的模型，已有大量成熟的研究成果；在遥感信息的地物解译及定量化方面，由于我国绿色低碳发展、资源集约利用、生态环境保护与治理等方面的巨大需求和从业人员急剧增长，中国已发展为国际最大的遥感对象定量化精细化研究和应用的力量。

## 1.2　遥感过程物理基础：电磁参数与分辨率

光是电磁波，是一种三维矢量横波，其四个参数本质特征为：振幅(波的高度)、相位(波峰和波谷的位置关系)、频率(每秒经过的波数)和偏振(横波的振动方向对于传播方向的不对称性)，通过Maxwell方程可推导出光在传播介质中的波动方程：

$$E(z,t)=E_0\exp\left[\mathrm{i}(kz-\omega t+\varphi)\right] \tag{1.1}$$

其中，$z$，$t$，$E_0$，$k$，$\omega$，$\varphi$，i分别代表传播方向、时间、波

的振幅、波数、圆频率、相位和虚数。上述简谐波的物理性质由振幅 $E_0$(或强度)、频率 $\omega$ (或波长 $\lambda$)、相位 $\varphi$ 三个参量决定；其中，振幅 $E_0$ 与频率 $\omega$ 依次代表辐射亮度和光谱，强度与相位 $\varphi$ 联合获得了光强的空间分布，是光学遥感辐射分辨率、光谱分辨率和空间分辨率的基础来源。时间 $t$ 是时间分辨率的物理基础。从而形成遥感的四个通用分辨率。遥感图像上记录的观测对象信息，以遥感数字影像差异的最小灰度级表示，是几十至上千个光电子跃迁累积效应可被人眼识别的最小刻度。

太阳光的电磁波横波本质，是指与光传播方向垂直的切平面有光量子二维振动偏振矢量，反映了光量子与传播介质分子的相互作用；偏振分辨率为遥感观测达到光量子尺度分辨率奠定了物理基础，比电磁波传播方向的灰度级辨识力提高了 2～3 个量级[16]。

遥感探测五个分辨率是遥感过程最重要的物理度量依据，具体物理定义和过程控制态势为：

(1) 空间分辨率，是指遥感图像上能够详细区分的最小单元的尺寸或大小，是用来表征影像分辨地面目标细节的指标。通常用像元大小、像解率或视场角来表示。空间分辨率是评价传感器性能和遥感信息的重要指标之一，也是识别地物形状大小的重要依据。

航天遥感图像的空间分辨率最高已经达到分米级，例如 QuickBird 卫星全色波段影像的空间分辨率是 0.61m，相当于对 Landsat(15m 的空间分辨率)影像放大了 625 倍。

(2) 时间分辨率，是指在同一区域进行的相邻两次遥感观测的最小时间间隔。对轨道卫星，亦称覆盖周期。时间间隔大，时间分辨率低，反之时间分辨率高。它能提供地物动态变化的信息可用来对地物的变化进行监测，也可以为某些专题要素的精确分类提供附加信息。

极地轨道遥感卫星的重访周期从几十天到十几小时不等，高空间分辨率需求会延长卫星的重返周期；但可以通过星座提高观测的时效性，足够数量的高分辨率卫星星群可以将获取数据的时间分辨率提高到小时级。静止轨道遥感卫星观测的时效性可达分钟级，实现准实时乃至实时观测。航空影像的时间分辨率定义为相邻影像连续拍照的最小间隔时间，即“凝视”间隔，目前达到秒的量级。

(3) 光谱分辨率，是指探测器在波长方向上的记录宽度，又称波段宽度。光谱分辨率被严格定义为仪器达到光谱响应最大值的 50%时的波长宽度。

航天遥感图像的光谱分辨率已达到纳米级，波段数量已增加到数以千计。

(4) 辐射分辨率，是指传感器区分地物辐射能量细微变化的能力，即传感器的灵敏度。传感器的辐射分辨率越高，其对地物反射或发射辐射能量的微小变化的探测能力越强。在遥感图像上表现为每一像元的辐射量化级。

主要反映影像灰度级能力，一般达到 2 个字节水平，满足较高的辨识能量能力；与之相对应的微波遥感采用了多种工作模式，如多极化和多波段技术。微波传感器搭载在 RADARSAT(加拿大)、ERS-1(欧空局)、JERS-1(日本)和 IRS-1C(印度)等卫星平台上。

(5) 偏振二维分辨率，是指仪器可分辨的偏振度和偏振角最小值。偏振度是部分偏振光的总强度中完全偏振光所占的比例，是表征偏振的最主要参数。偏振角反映了偏振光分布的特征，表示偏振光在某一方向上的优势性。

偏振分辨率是中国遥感学者提出的新型分辨率概念，反映电磁波横波光量子偏振效应，在物理机理上是把遥感图像的辨识度从灰度级提高到光量子水平，可以实现比常规分辨率 2～3 个数量级的跨越提升。

(6) 将上述(5)的二维横波偏振矢量与上述(1)至(4)代表的一维传播方向标量的四个常规分辨率结合，可以实现遥感三维矢量分辨率的统一合成。这是将标量遥感向矢量遥感跨越、太阳电磁波全参数利用的质的跨越，是中国学者在遥感矢量分辨率和电磁波全面利用的源头贡献。

## 1.3　遥感过程技术基础：输入源与级联环节

遥感观测过程包括三个实体环节，即地表(遥感对象)、传感器(遥感手段)、信息(遥感处理)，如图 1.1 所示。这里，遥感对象的 When、Where 由遥感输入源 1 即导航定位(虚线)确定；遥感对象的 What、Why 由遥感输入源 2 即光源入射，承载地物信息的反射光波被各种遥感手段环节捕获；传感器经光电变换成为数字图像，经处理实现各行各业遥感信息应用分析和决策(实线)。通过高度自动化与实时化的遥感数据获取手段与信息处理，实现对遥感对象的时空定量化认识是智能化遥感过程的内核，需以控制论作为理论基础。

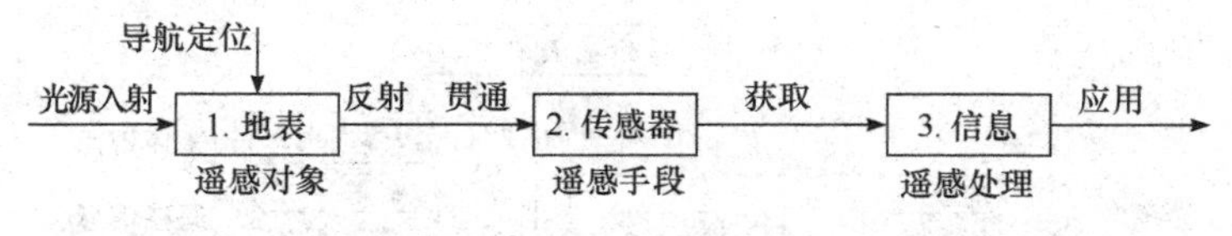


图 1.1 遥感过程的两个输入源和三个环节

我国遥感经历 40 余年快速发展，尤其在国家需求和政策牵引驱动下，遥感卫星数量快速增多、规模稳居全球第二位，观测能力已赶上国际先进水平；地面基础设施不断完善，数据处理与分发能力迅速提升，已在各行业部委和省级政府层面实现遥感数据的工程化、业务化应用。在此情况下，数据种类繁多且海量，需求繁多且每项需求往往涉及数据量巨大，而可适用数据却相对偏少且不足，即“两多一少”的世界性难题日益突出。

基于上述情况，中国学者系统地提出了与天地关联的级联遥感控制论思想和模型，即图 1.1 所示的太阳光源驱动贯通的链路，具体表征如图 1.2 所示，对地观测传递函数 $F$ 是地表(即地物 $F_G$ 和大气 $F_A$ 的合作用)与仪器 $F_I$ 的耦合级联过程 $F = f/f_0 = F_G*F_A*F_I$(本书将仪器+平台统称为传感器，仪器包含所有的测量装置，如相机、IMU、GNSS 等；而平台指搭载所有装置的飞行器，如卫星、空间站、航空飞机、无人机等)。这种利用光波穿过不同量纲单元、实现同一个物理参量(如能量、信息等)的遥感传递过程，可称为级联遥感。由此实现：仪器—地表的过程级联以接通天地孤岛，地表的地物—大气级联以降低遥感不确定度，扩展到处理环节的观测—处理—显示一体的坐标级联以实现动态高精度的统一。

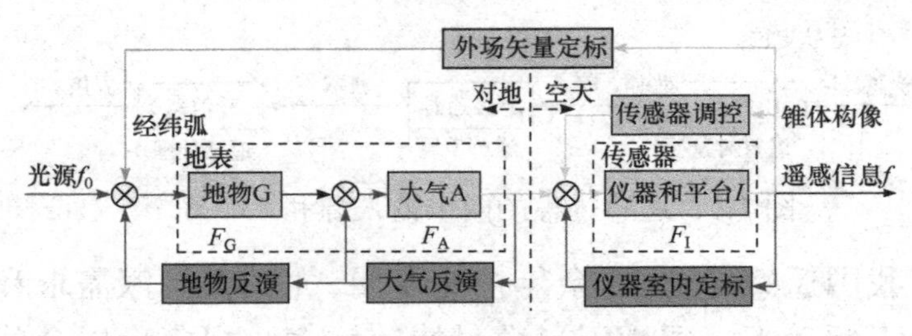


图 1.2　地表—仪器的天地级联遥感体系

## 1.4　遥感过程控制论范畴及与智能化关系

现有的遥感智能化研究聚焦于深度学习+独立的遥感环节，然而未来的遥感智能化研究应该在单个独立环节的智能化基础上，体现在整个遥感过程构成的系统。将各个遥感环节连接为一体就成为遥感过程智能化的具体构建与实现过程，不仅能对遥感过程的每一个独立环节进行深入研究，还能对遥感环节之间的连接与反馈机制进行顶层设计，这是未来遥感智能化中二者缺一不可的技术内涵[17]。

### 1.4.1　遥感过程控制的内涵分解及智能化基础

遥感过程的第一个环节是地表辐射传输过程，即电磁波在大气(入射)、地物、大气(反射)等介质中传播的过程，如图 1.3(a)所示。精细刻画辐射传输过程是遥感人孜孜追求的遥感定量化目标，但大量的遥感反演主要徘徊于 80%左右的置信度，难以突破 20%的误差瓶颈，其原因之一可能是忽略了利用真实光源的偏振非均衡特性，发现并去除地物观测的这个系统误差。

遥感过程的第二个环节是“携带地表信息”的电磁波进入航空航天传感器内的感光元件，实现光电转换并生成数字影像的过程，如图 1.3(b)所示。自动发现并校正在轨的退化电学部件参数是实现遥感自动化的瓶颈之一，其图片重点可能是“天—地孤岛”，即地学参量与电学参量之间的量纲“断点”。

遥感过程的第三个环节是数字影像的处理—组织管理—存储显示和分析应用过程，如图 1.3(c)所示。“边获取边处理边分析”是遥感人孜孜追求的遥感实时化目标。空间信息来自经纬弧又回归经纬弧的锥体构象本质与现有的直角坐标处理体系之间的不一致，可能是阻碍该目标实现的瓶颈之一。对于上述遥感过程，其智能化的前提是自动化，而自动化的理论基础是控制论，因此，应将各个独立的遥感环节用控制论思想建立智能化关联，如图 1.4 所示。只有自动化与实时化下的时空定量化才有意义，否则解译出的信息总是过时的。

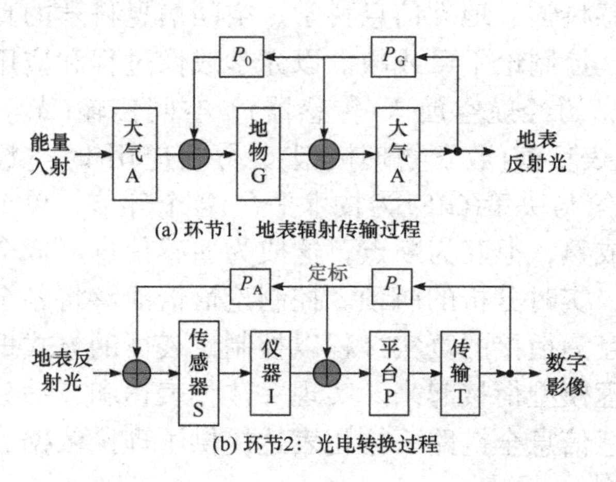

(a) 环节1：地表辐射传输过程

(b) 环节2：光电转换过程

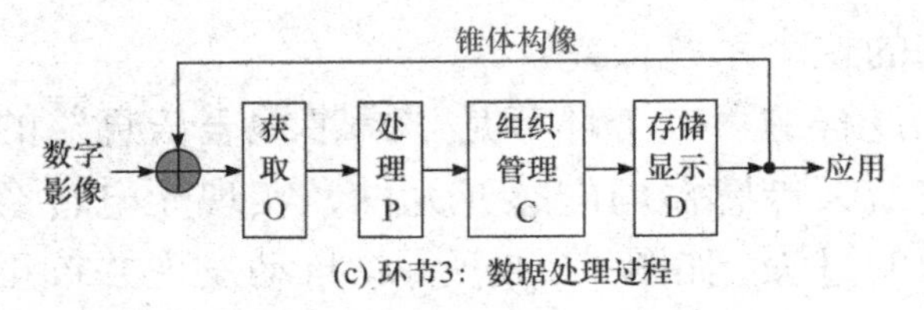

(c) 环节3：数据处理过程

图 1.3　遥感过程的三个环节

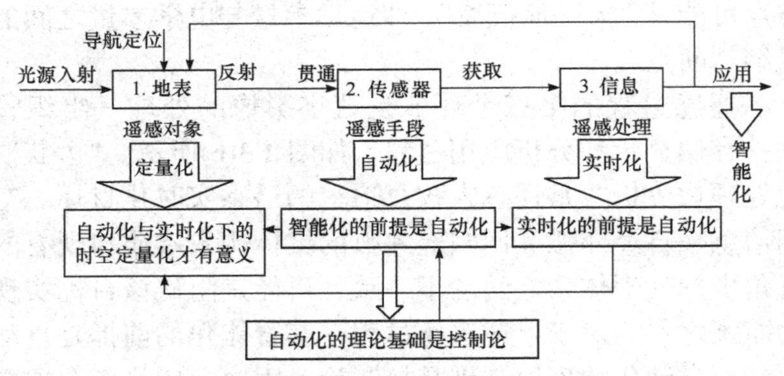


图 1.4　遥感过程控制的智能化关系

纵观科学史，当一个领域成为科学时，控制论起到了衔接相关因果关系过程的无法替代的纽带作用。可以这样说，遥感科学、地理信息科学、空间信息科学的真正成熟与建立，控制论不可或缺。以光学成像过程和应用为例，遥感信息历经航空航天(传感器)、空间传输(光学大气衰减)、地表反演(数学物理模型)、分析应用(时空数据信息化)、对策与决策(GIS 为技术平台)各个环节，单个环节已经相对成熟，但互为断点，这成为遥感信息形成全过程系统分析、实时分析的瓶颈。控制论恰恰能够将各个环节输入输出互为衔接的真实过程以控制论表征的方式把各个环节的数理模型衔接起来，实现一体化表达和自动分析。这就为遥感信息全链路一体化表达提供了理论依据。当全部过程模型自动化表达并通过通信链路实时反馈到获取源端时，遥感信息边获取边处理边分析就成为可能；当反馈环节不再以人为链接要素时，自动化成为可能；当遥感或地理信息能够把各个环节的模型通过一种手段自动链接一体、全面表征并利用物理工具实现时，遥感才有了科学性系统性的理论基础特征。

### 1.4.2 惯性时空域地球观测的控制论方法本质

控制论的理论本质[18]如图 1.5 所示。我们熟知的遥感影像以空间域的形式呈现信息(即我们生活的惯性空间)，该空间域信息依次进入计算机成为时间序列，即时间域(量纲为秒)惯性空间信息，其图像运算具有惯性时延的卷积物理本质。如同多幅静止序列变化影像，利用人眼观看的惯性即视觉暂留现象(理解为“卷积”效应)诞生了近代的电影技术；但当多幅影像有两类以上变化剧烈的周期序列被人眼观测(理解为“卷积运算”过程)时，往往会使人感到晕眩(理解为“复杂的卷积运算”)。

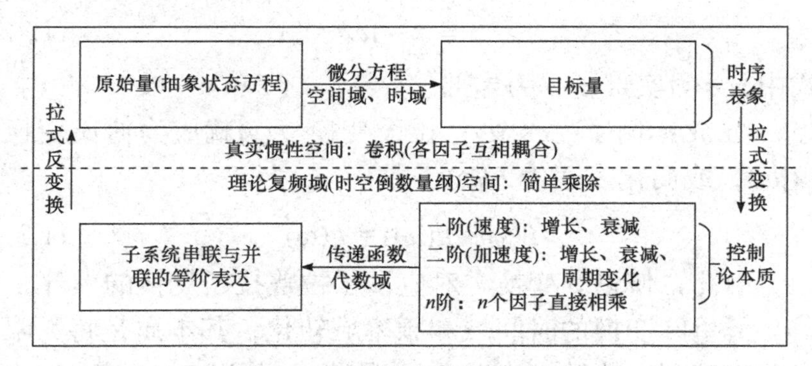


图 1.5 控制论的理论本质

需要指出的是，空间域和时间域概念在遥感数字图像处理中是等同的。在遥感数字图像处理中取用量纲更多的是时间域，在遥感地物分析时更多的是等效为空间域。

控制论的域变换是指时间域(量纲为 T)与其倒数频率域(量纲为 $T^{-1}$)的对偶变换，它们互为可逆、一一映射。由于时间域(空间域)信息是惯性空间的卷积特性，当处理信息过于复杂时，转换到其倒数域(即频率域)，原来的卷积运算就成为代数乘法运算，大大简化了图像处理过程；运算结果再经过反变换，回到惯性空间，得到时间域的真实计算结果。显然，频率域是遥感影像处理运算的理想数学空间，更是控制论表达如传递函数及其代数运算的本质空间。引入控制论，就必须把惯性空间的时域表达转换到其倒数域，即频率域。

控制论完整表达体系，是利用拉普拉斯变换将惯性空间函数 $f(t)$转换到复数频率域(实部加虚部)即复频域的理论空间，其函数表达为 $L(s)$。这里拉氏变换的自变量 $s$ 满足：

$$s = \sigma + \mathrm{j}\omega \tag{1.2}$$

式中，$\sigma$ 为实部，$\omega$ 为虚部。

当 $\sigma = 0$ 时，$s = \mathrm{j}\omega$，拉氏变换 $L(s)$就成为傅氏变换 $F(\mathrm{j}\omega)$，或简化表达为 $F(\omega)$，即：

$$L(s) = L(\mathrm{j}\omega) = F(\omega) \tag{1.3}$$

由此，傅里叶变换“对应”了拉普拉斯变换的虚部。

傅里叶变换的时间域和频率域转化，其本质是将无限长时间序列运算转换为以 2π 为周期(称为以 2π 为模，记为 mod[2π])的单位圆运算。反之，频率域的卷积运算，可以转换到时间域成为简单的相乘。

图 1.6 列出了 $f(t)$ 从“宽”函数到“窄”函数变化时，它的傅里叶变换结果 $F(\omega)$则是从“窄”变“宽”的一个过程。可以看出，傅里叶变换存在相似性与对偶性。这种空间域与频率域的关系在量纲上表现为 $T$ 与 $T^{-1}$ 的关系；在空间域表现为常值的函数，在频率域表现为冲激函数；在空间域表现为覆盖广，在频率域则表现为覆盖小，反之亦然；极端地，在空间域表现为冲激函数，在频率域内则表现为常值。这种相似性与对偶性还可以用分析与归纳来解

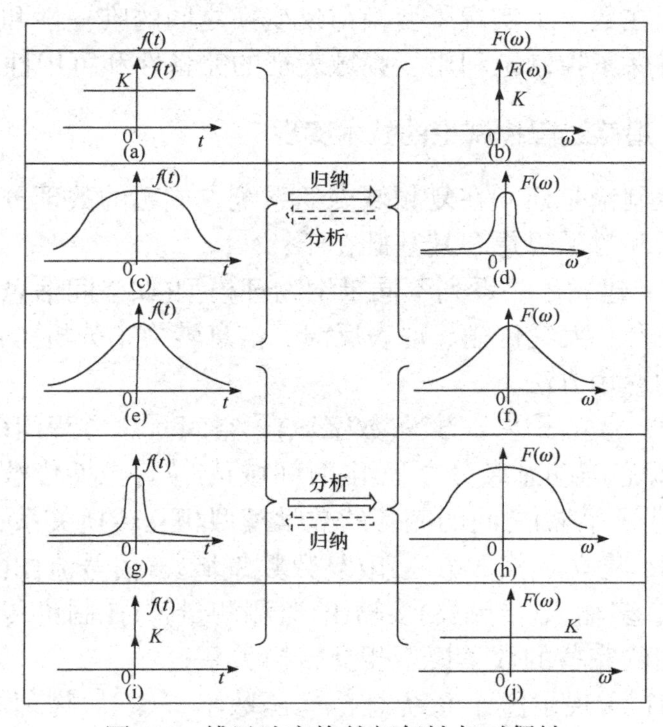


图 1.6　傅里叶变换的相似性与对偶性

释：对于空间域很宽广且不易总结的函数，在频率域会压缩很狭窄且用于归纳(总结)；而对于空间域比较狭窄不易分析的函数，在频域内会拓展很宽广且用于分析。

时间域是一种可接触域，而频率域是一种数学域。这两种域的唯一对应性使得很多看似复杂的问题变得简单。虽说是不同的域，但是二者保持能量守恒的关系；压缩一个函数相当于展宽其变换，同时也缩减其幅值，从而保证在两个域中的能量相等。这个变换特征，保证了无论时间域和频率域之间循环变换多少次，都不会衰减或增强其能量；即在数学上实现了变换与反变换之间的唯一性和周期性，确保了控制论利用复频域表征的完备性和可用性。

### 1.4.3　遥感过程控制论的技术实现

控制论是建立在复频域内的系统、成熟的数理分析理论体系和哲学思想，其基础在于：

(1) 建立了一系列不同量纲物理模型(如空间信息传感器、平台、大气传输、地表反演、信息转换、分析等)链接一体的通用方法；

(2) 建立了差分方程(数字域)、空间状态方程组(空间域)、静态与动态微分方程组(时间域)与拉普拉斯代数方程组(复数频率域)之间的完备的数学模型相互转换关系；

(3) 建立了代数方程组(复数频率域)、信号流图(网络拓扑)、多输入(传感器)多输出(监测测量)与控制论传递函数之间的完备的数学模型相互转换关系；

(4) 实现了整个系统总传递函数唯一表达(物理本质)与一、二阶任意降阶串并联子模块有限个任意分解表达的传递函数(可通过最基本物理单元原件取代并实现物化表征)解析的完备转换关系；

(5) 实现了模型表达(软件)与物理实现(硬件)之间的灵活多样的完备等价关系。

遥感过程控制论的技术实现。控制论对遥感系统整个成像过程的应用，可以有效地建立一套时空闭环控制模型，服务于遥感实际作业，引导遥感信息从获取到应用的有序过程，提高遥感信息获取—处理—传输—应用整个过程的综合效能。因此如何将控制理论引入遥感科学技术领域并做出开创性的实际贡献，是对接两门学科的最大难点与要点。在控制论体系下，不仅能对遥感智能化过程的每一个独立环节进行深入研究，还能对遥感环节之间的智能化连接与反馈机制进行整体研究、顶层设计。

### 1.4.4 遥感过程控制与尺度效应不确定度的思考

地球表面空间是一个复杂的巨系统，人类获取的信息在时间上和空间上的分辨率有极大的跨度，在某一尺度上观测到的性质、总结出的原理或规律，在另一尺度上可能仍然有效，可能相似，可能需要修正，这就是遥感的尺度效应[19]，这是遥感信息不确定度的典型表现。在遥感过程的智能化实现中，无法绕过尺度效应、不确定度难题。本书另辟蹊径，尝试引入控制论思想来理解遥感过程的尺度效应带来的不确定度影响，并给出解决思路。

以时间跨度带来的尺度效应为例，全球变化是一个缓慢的过程，需要长时间稳定的全面观测，通过大数据、人工智能技术挖掘知识和变化规律；而气象遥感预报台风和天气变化，需要在几个小时量级；遥感的灾害应急需要小时甚至分钟级别的响应。以空间跨度带来的尺度效应为例，在定量遥感中，可用的数据不仅来自中低分辨率的遥感卫星(其无地面控制的几何定位精度达到了亚像素级)，也有高分辨率卫星(其无控的几何定位精度达到了 3～5m)。

不同空间与时间尺度的交错耦合带来了时空尺度效应，并体现在了整个遥感过程中的每一个环节，很难在单独的某一环节消除其影响，是遥感不确定度的重要体现。需要在遥感过程控制中建立反馈修正机制，形成自动化闭环，如图 1.7 所示。在多次自适应的反馈修正后，形成受尺度效应影响最小的理论和应用组合，详细的内容见第 5 章。

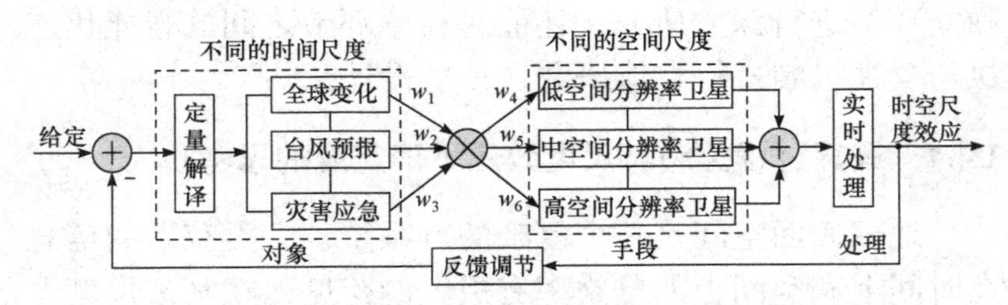


图 1.7　遥感过程控制及尺度效应不确定度问题破解

# 第 2 章　遥感的全球发展特点与现状

国际上，遥感科学在发达国家和地区的发展重点集中在卫星遥感分辨率、精度、数据处理与增值服务能力及全球和特定地区的业务化观测能力。随着信息化社会对安全保障(包括防灾减灾)、资源管理、全球气候变化、经济社会情报搜集与挖掘等方面的需求日益增长和精细化，发达国家和地区不断加速推进卫星遥感科技的发展手段，已达到较高水平。

在遥感过程的三个环节(观测对象→手段→处理)中(图 1.1)，国际上一方面在后两个独立环节上发展迅猛，另一方面则立足于遥感对象特性研究和真实性检验，构建模型、数据库等底层架构，服务于遥感信息应用(尤其是结合人工智能技术的应用)。进一步地，国际发达国家和地区在深化遥感三环节独立研究的基础上，已经展现出对三环节的整体过程控制进行一体化研究的趋势。

对国际上遥感科学技术的最新发展现状进行整理与总结，有助于国内对标国际先进水平，进而帮助我们深刻认识遥感自动化能力和过程控制的重要性。本章首先从地理地貌角度分析遥感的国际发展特点，然后按遥感三环节分类介绍国际遥感前沿水平并总结国内差距，最后对中国遥感的未来发展趋势进行总结。

## 2.1 基于全球地理地貌特征的遥感发展特点

国外卫星的发展早于国内，其相应的遥感过程已经实现了序列化、体系化和规范化[20-30]。全球主流的遥感观测依赖于卫星，辅以航空遥感。然而，由于我国山区丘陵起伏的特点，对航空遥感也给予了同等的关注，实施的是航空航天遥感并举的国家战略。目前，全球遥感观测的主要特点为：

(1) 国际遥感卫星多为极轨卫星(太阳同步卫星)，即基于卫星过境地方时一致的原则和极地轨道与自转关联的特征所设计，可以快速覆盖全球观测的、位于特定轨道高度的卫星。

(2) 美国、俄罗斯、加拿大、澳大利亚等大国国土平原居多，特别适合于卫星连续观测；在其国土占比较小的非平原地区，其主要地理地势地貌走势为南北方向，卫星南北两极轨道的观测模式恰好适合每一次飞过这些国家时对地理物候进行连续观测。这是国际西方大国重点依靠航天遥感、辅助以局地的航空遥感观测的地理地貌区域特征。

(3) 由于单颗极地轨道卫星的回归周期长短与分辨率的高低成正比，最高分辨率的重访周期长达数十天(与卫星观测幅宽成反比)，要实现连续观测则需要对该星进行变轨、侧摆等操作，或者与其他同型卫星组成星座。

# 2.2　遥感定量化全球发展前沿与重要指标

地表遥感过程，是指遥感光源光波穿过大气、在地表反射、再次穿过大气进入空天平台传感器入瞳前的光学信息传递过程，通常以电磁光波辐射传输模型为地表遥感过程的标志。

本小节围绕地表遥感过程，介绍全球顶尖定量化研究水平及重要指标。

(1) 全球顶尖遥感定量化研究水平

在遥感对象的定量化分析方面，从机理模型研究、数据产品和遥感定量应用三方面总结国际上极具影响力的几家单位及其主要成就(表 2.1)，简述定量遥感面临的尺度效应问题。并对应国内与之的差距和应落脚的发展方向。

**表 2.1　遥感对象定量化领域国际顶尖机构汇总**

| 国家 | 机构 | 教授团队 | 主要工作 | 国内差距 | 发展方向 |
|---|---|---|---|---|---|
| 法国 | TETIS/INRA 蒙彼利埃大学 | Jaquemoud 和 Feret 教授团队 | PROSPECT 系列模型 | 欠缺遥感辐射过程的原创性机理和模型研究 | 1. 电磁波非均衡矢量表征<br>2. 遥感对象过程控制 |
| 法国 | 图卢兹第三大学 CESBIO | Gastellu-Etchegorry 教授团队 | 1. DART 三维辐射传输模型<br>2. RAMI 辐射传输对比平台 | | |

续表

| 国家 | 机构 | 教授团队 | 主要工作 | 国内差距 | 发展方向 |
|---|---|---|---|---|---|
| 美国 | NASA GSFC 马里兰大学 | Vermote 和 Kotchenova 教授团队 | 6SV 大气矢量辐射传输模型 | | |
| 美国 | 波士顿大学 | Myneni 和 Knyazikhin 教授团队 | 1. MODIS LAI 产品<br>2. 随机辐射传输模型 | 缺乏完整、连续、高精度、规范化的遥感数据处理业务链 | |
| 德国/西班牙 | 慕尼黑大学<br>瓦伦西亚大学 | Berger 和 Verrelst 教授团队 | 1. 混合模型植被参数定量反演<br>2. ARTMO 定量遥感工具包 | 1. 智能化反演水平不足，缺乏原创性和与物理机理的结合<br>2. 遥感应用流程的一体化和软件化程度不足 | 数据处理与应用的智能化和一体化 |

注：① TETIS INRA：French National Institute for Agriculture，Food，and Environment (INRA)，Unité de recherche Territoires，environnement，télédétection et information spatiale (TETIS)，法国国家农业食品和环境研究所领土环境遥感和空间信息研究部。

② CESBIO：Centre d'Etudes Spatiales de la Biosphère，法国生物圈空间研究中心。

③ NASA GSFC：NASA Goddard Space Flight Center，美国宇航局戈达德空间飞行中心。

在机理模型研究方面，BRDF 模型是定量遥感的基础理论。这里以知名度最高、应用最广泛三种辐射传输模型(植被一维辐射传输模型 PROSPECT、地表三维辐射传输模型 DART 和大气矢量辐射传输模型 6SV)为例，介绍其对应的三个国际顶尖研究团队的研究情况。

法国 TETIS/INRA 研究所、蒙彼利埃大学、巴黎狄德罗大学的 Jaquemoud 教授和 Feret 教授团队研发的一维叶片辐射传输模型——PROSPECT 系列模型，已成为领域内最知名、应用最广泛的辐射传输模型。PROSPECT 模型于 1990 年由 Jaquemoud 教授提出[31]，经过 Jaquemoud 和 Feret 教授研究团队 30 多年来对其的完善和更新，目前已形成了 5 个版本的模型，包括 PROSPECT，PROSPECT-4，PROSPECT-5[32]，PROSPECT-D[33]和 PROSPECT-PRO[34]。模型代码也以多种语言形式发布在其官方网站(http://teledetection.ipgp.jussieu.fr/prosail/)。该模型自提出以来解决了定量遥感中植被遥感信号的正向模拟(正演)和逆向应用(反演)方面的多个基本问题，帮助在生态环境监测、地球系统与气候响应等应用上取得诸多巨大突破，目前该模型已被引用 2400 余次。

法国太空探测地球生物圈研究所(Centre d'Etudes Spatiales de la Biosphère，CESBIO)和遥感领域知名学府图卢兹第三大学的Gastellu-Etchegorry教授团队研发的三维辐射传输模型(Discrete Anisotropic Radiative Transfer，DART)是目前应用最广泛的高精度计算机三维模型。该模型于1996年由Gastellu-Etchegorry教授提出[35]，经过不断完善和内容补充，目前以成熟的软件形式向国际同行公开。DART的主要功能是利用三维辐射传输过程模拟各类遥感平台获取的光学和LiDAR影像，并模拟各种条件下城市、森林等多种地表的发射(包括叶绿素荧光)、散射和吸收的辐射情况。在算法层面，DART已包含了适应一般模拟场景的离散坐标光线追踪解析算法和更适合大场景大数据量模拟的、用于高性能快速数值计算的蒙特卡洛双向追踪算法[36]，覆盖了国际遥感同行的大部分应用需求。除此之外，DART软件也随着版本更新逐步完善，研发团队会基于接收到的各类用户反馈及时修复或优化软件服务，并会以固定周期开展用户培训班，这使得DART用户收获了很好的科研体验，进一步加速了DART算法和软件的国际流行度。

美国 NASA GSFC 和遥感领域知名学府马里兰大学 Vermote 和 Kotchenova 教授团队针对大气辐射传输过程研发的第二版太阳光谱波段卫星信号模拟程序(6S 辐射传输模型)及其矢量版本(6SV)被广泛应用于大气校正和参数反演。6S 模型基于 1986 年法国里尔科技大学的 Tanre 教授提出的第一版模型(5S)提出[37]，它吸收了最新的大气散射计算算法，使计算精度比 5S 有所提升。2005 年团队公开了该模型的第一个矢量版本 6SV1[38]，目前已更新至第二版本 6SV2。矢量偏振信息的使用直接促进了大气气溶胶和微观物理参数的精确反演。6SV 模型目前可精确模拟 19 部卫星传感器的大气矢量辐射传输信号，并在国际同行广为使用，该模型总引用已超过 2600 次。

高精度的遥感数据产品是实现区域尺度遥感定量应用的前提。以国际上应用最广泛的遥感数据产品之一——MODIS 全球叶面积指数(LAI)和光合有效辐射比例(fPAR)产品为例，其研发团队是遥感领域知名学府波士顿大学的 Myneni 和 Knyazikhin 教授团队。MODIS LAI/fPAR 产品基于该团队开发的植被三维随机辐射传输模型结合查找表算法反演获得[39]，并随着 MODIS 卫星获取的长时间序列观测数据的不断补充和算法的不断完善而更新，目前已从起初覆盖 2000 年到 2002 年数据的 C3(Collection 3)[40]版本更新至覆盖 2000 年至今的 C6(Collection 6)版本[41]。该数据产品的更新过程也是产品团队对产品真实性、连续性和算法有效性的不断评估、优化和校验的过程。依托高质量、长时序的 MODIS 卫星载荷，这使得 MODIS LAI/fPAR 产品自身的精度和可用性得到保障，也得到国际同行的广泛认可，从而使其成为全球辐射收支和生态气候模型研究的重要数据源。

遥感对象的定量化应用是遥感模型机理和数据产品所服务的最终目标。以植被生物物理参量反演为例，德国慕尼黑大学 Berger 教授团队和西班牙瓦伦西亚大学 Verrelst 教授团队在植被参数反演的混合模型算法方面取得了诸多突破性成就[42, 43]。在混合模型遥感反演方法之前，辐射传输模型和数据驱动模型在遥感定量反演领域占据主要地位。混合模型由于结合了辐射传输模型的物理机理和经验模型的精度和效率，而成为近年来国际上主流的遥感信息反演方式[44]。此外，瓦伦西亚大学 Verrelst 教授团队还致力于定量遥感的一体化系统和软件研发。其开发和集成的自动辐射传输模型工具包 ARTMO 包含了现有的多种地、气辐射传输模型及其遥感反演和分类等遥感应用场景的软件化实现,能为用户提供简洁且容易上手的图形交互界面,降低了复杂的辐射传输和遥感定量化门槛，推动了定量遥感的自动化实现。

(2) 遥感地表过程的信息尺度效应和不确定性瓶颈

面对复杂的地表环境和不同空间尺度下表现出不同地表过程的自然单元，尺度效应和遥感信息不确定性是定量遥感需要解决的最重要难题。1993 年在法国召开的热红外尺度效应问题国际会议上，尺度和不确定性问题被认为是对地观测的首要挑战。不同空间分辨率和观测平台尺度下获取的数据及定量模型间的规律、适用性、统一、转换和误差分析研究是遥感过程的基础问题[45]。对遥感分类而言，空间分辨率对地块局部方差、面积估计和分类精度等均会产生较大影响[46-48]，而像元之间的空间相关性可以一定程度上降低尺度变化带来的分类误差。对地表参数反演而言，空间分辨率会影响 LAI 产品精度[49]及其与 fPAR、植被指数之间的关系[50]，不同分辨率的传感器(如 AVHRR 和 SPOT)数据估测的植被覆盖度也有非常显著的差异。解决这一问题的其中一种方式是构建不同尺度之间的转换公式[51]，但现有研究对 LAI 以外的其他植被理化参数(如叶绿素、水、干物质等)的尺度转换问题鲜有涉及，而这些参数涉及的尺度层次更多。尤其对于离散、稀疏的植被或田块破碎程度较高的地表，尺度效应中的混合像元问题更加突出、亟待解决。不同尺度下的反演模型选择同样重要，但相关研究较少[45]。整体而言，尺度效应是一个复杂的系统函数问题，本身也具有不确定性问题，需要新的、更有效的方式去系统全面地分析和解决。

(3) 重要指标

国际上，遥感对象定量化、仪器平台和遥感数据处理算法的实际应用精度指标均达到较高水平。对遥感对象而言，BRDF 模型是其定量化建模与反演应用的基础。以植被为例，叶片散射 PROSPECT 模型对叶片反照率的模拟误差(均方根误差 RMSE)达到 0.02 以内；冠层随机辐射传输模型对冠层实测反射率的模拟 RMSE 达到 0.05～0.07；而叶片-冠层耦合三维矢量辐射传输计算机模型的 RMSE 则可达到 0.02 水平。基于 BRDF 模型的植被参数反演误差(相对 RMSE)最高可控制在 10%以内，平均为 10%～30%，依然有较大上升空间。遥感仪器平台方面，成像仪的光谱分辨率和空间分辨率是直接关联遥感应用效果的重要指标。航空或地面遥感成像仪最高可实现厘米级空间分辨率和 1～2nm 级光谱分辨率；航天遥感成像仪最高可实现 0.31m 空间分辨率和 10nm 级光谱分辨率。而高空间与光谱分辨率往往对应着较窄的成像幅宽，不同的实际应用场景对应不同的分辨率指标选择。遥感数据处理方面，最重要的两个指标是影像匹配与三维建模的精度和效率。计算机配置、数据情况和数据量大小均会影响这两个指标，目前国际上效率最高的是 Context Capture 软件，可以在 24 小时内重建 3 万张 2400 万像素原片。精度方面，顶级商业软件在使用控制点情况下的空中三角测量平差像点精度能够达到亚像素级，物点精度可达到厘米级。

## 2.3　遥感传感器标志性成果与工程问题

遥感对象成像过程，是指入瞳光进入遥感仪器光学系统、经传感器实现光电变换和遥感仪器、平台光机电全过程的控制。

本小节围绕平台与传感器这一遥感成像过程，介绍全球做得最好的几大厂商、最近几年的标志性成果、竞争态势、所解决的重要工程科技问题。

(1) 全球做得最好的几大厂商及最近几年的标志性成果

国际上比较有代表性的航天测绘遥感机构有美国国家航空航天局、欧洲航天局、日本国际贸易及工业部等[52, 53]，他们在卫星平台、发射技术、观测体系、载荷研制和精密仪器加工等方面各具优势，见表 2.2。

**表 2.2 具有代表性的航天观测仪器研制机构及成果**

| 机构、公司 | 优势 | 代表性成果 | 特点 | 设计寿命 |
|---|---|---|---|---|
| 美国国家航空航天局 | 卫星平台、发射技术、观测体系较完善 | MODIS 中分辨率成像光谱仪 | 1.光谱范围广：36 个波段，0.4～14.4μm<br>2.重访周期短：1～2 天即可覆盖全球 | 5 年 |
| 欧洲航天局 | 卫星平台、发射技术、观测体系较完善 | 哨兵(Sentinels)系列卫星 | 载荷多样性：宽幅高分辨率多光谱成像仪、对流层检测仪器等 | 7 年以上 |
| 日本国际贸易及工业部 | 精密仪器研制优势，光学、微波环境探测载荷研制上具有创新实力 | Himawari 系列卫星 | 分辨率高：(Himawari-8)可见光和红外谱段分辨率均提升了 1 倍，分别达到 0.5km 和 2km<br>观测周期短：赤道静止卫星，10min(日本附近 2.5min) | 卫星 15 年以上；载荷 8 年以上 |

其中，MODIS 是搭载在 Terra 和 Aqua 两颗卫星遥感平台上的中分辨率成像光谱仪，是美国地球观测系统(EOS)

计划中用于观测全球地表过程的重要仪器，也是目前全球应用最广的遥感数据产品。它具有 36 个探测波段，每 1～2 天对地球表面观测一次，空间分辨率可达 250m。获取海陆温度、初级生产力、陆地表面覆盖、云、气溶胶、水汽和火情等目标的图像，对实时地球观测和应急处理有较大的实用价值。

由于美国在算法及电子芯片、硬件加工工艺等方面的优势，MODIS 可细分为 36 个通道，对应不同的应用。其中，1～19 和 26 波段为太阳光反射波段(可见光-短波红外-中红外波段)，只在白天接收数据。20～25 和 27～36 波段为热红外波段，在白天和夜间都能正常工作。不同波段有不同的用途，例如海洋水色通道主要集中在 8～16 波段，主要用于探测与海洋水色有关的叶绿素、悬浮泥沙、黄色物质等的浓度以及水体总吸收系数等生化物理参量[54]。

哨兵(Sentinel)系列卫星中，比较有代表性的有 2014 年发射的 Sentinel-2、2017 年 10 月 13 日发射的 Sentinel-5。Sentinel-2 携带宽幅高分辨率多光谱成像仪，13 个波段、290km 幅宽，5 天重访周期。同一轨道上的两个相同卫星的星座，相距 180°，以实现最佳覆盖和数据传输，重访周期为 5 天。其携带的多光谱成像仪(MSI)包括 13 个光谱段(0.443～2.19μm)，幅宽为 290km，4 个可见波段和近红外波段的空间分辨率为 10m，6 个红外和短波波段的空间分辨率为 20m，3 个大气校正波段则为 60m。Sentinel-5P 搭载了对流层检测仪器(Tropomi)，波段涵盖紫外和可见光(270～500nm)、近红外(675～775nm)和短波红外(2305～

2385nm)，其条带宽度 2600km，空间分辨率高达 7km×3.5km，可比以往的测绘卫星更精确地对多种微量气体进行监测并绘图，例如二氧化氮、臭氧、甲醛、二氧化硫、甲烷和一氧化碳，在单个城市的空气污染监测中具有巨大潜力。

日本 ASNARO 是小卫星平台系统，其首星 ASNARO-1 于 2014 年由俄罗斯和乌克兰共同制造的第聂伯号运载火箭发射[55]，载有 0.5m 空间分辨率的光学相机。ASNARO-2 是一颗实验性 X 波段雷达遥感卫星，发射重量 570 公斤，具有聚束、条带和扫描三种观测模式。聚束模式分辨率 1m，幅宽 10km；条带模式分辨率优于 2m，幅宽 12km；扫描模式分辨率 16m，幅宽 50km。在研的 ASNARO-3 将配备超光谱观测设备。

日本的 Himawari-8(向日葵 8 号)气象卫星于 2014 年 10 月发射。其可见光和红外谱段空间分辨率为 0.5km 和 2km；多光谱谱段数量多；全球观测所需时间 10min；设计寿命为 15 年。

从 1970 年代末起，国际上开始建立卫星遥感定标场。包括美国白沙和 Railroad Vally、法国 La Crau、加拿大 Newell Country、利比亚沙漠、澳大利亚北部沙漠和北非撒哈拉沙漠定标场等[56]。它们已成功对 Landsat-4/5 的 TM，SPOT 的 HRV，NOAA-9/10/11 的 AVHRR(Advanced Very High Resolution Radiometer)，美国 Nimbus-7 的 CZCS (Coastal Zone Color Scanner)，MODIS(MODerate-resolution Imaging Spectroradiometer)和高分辨率成像光谱仪(Airborne Visible Infrared Imaging Spectrometer，AVIRIS)，法国空间中心研制的多角度偏振反射率载荷(Polarization and Directionality of the Earth’s Reflectance，POLDER)等传感

器实现了辐射定标工作。目前，可见光—近红外辐射定标精度已达到 3%～5%。

国际上，民用无人机的销量高速增长。1990 年为 2.5 万架，2000 年已经超过 4 万架，2010 年达到 10 万架以上。2018 年全球民用无人机市场产量达 313 万台，2019 年全球民用无人机市场出货量达 370 万台。根据 Drone Industry Insights 发布的无人机市场环境统计数据显示，2019 年全球无人机市场规模约 259 亿美元，而军用无人机市场规模达 169 亿美元，接近民用无人机市场规模的两倍。预计 2025 年达到 428 亿美元，军用无人机市场 288 亿美元。无人机和载荷具有代表性的机构及成果见表 2.3。

**表 2.3　无人机和载荷具有代表性的机构及成果**

| 机构、公司 | 优势 | 代表性成果 | 国内差距 | 发展方向 |
| --- | --- | --- | --- | --- |
| 美国罗普·格鲁门公司 | 高自动化水平、长航时的无人机 | “全球鹰”无人机 | 自动化程度有待继续提升 | 控制技术 |
| 芬兰 SPECIM 美国康宁(Corning)公司 | 各种谱段机载高光谱成像仪，成像速度快，占有广泛全球市场 | Aisa、FX、425shark 系列系列机载高光谱系统 | 仪器精度、成像芯片水平有待提高 | 提升精密加工工艺水平；提升定标手段；贯通传感器、仪器平台物理模型为一体，实现对误差的精密控制传递 |
| 美国 Teledyne FLIR(菲力尔)、德国 Testo(德图)公司 | 机载热成像仪，接口便利，精度高，占有广泛全球市场 | TC Thermal Imager 热红外成像仪 | | |

美国罗普·格鲁门公司“全球鹰”是当前全球相对先进的无人机之一，长航时、高自动化水平是其主要特征。该无人机全长 13.4m、高 4.62m、翼展宽度 35.4m，最快飞行时速达到 644km，飞行高度为 2 万 m，航程能达到 2.5 万 km，能持续飞 36 个小时，完全可以实现跨洲飞行。该无人机采用惯导+GPS 进行自主导航，能自动完成从起飞到着陆的整个飞行过程，并可通过卫星自动将飞行状态数据下传到地面站。优异的材料和工艺和强大的通信、电子技术，是其高性能的保障。

(2) 竞争态势

国外民商用对地观测卫星领域加快体系化构建，建立全球资源、环境监测网络，在保持平稳发展的同时注重能力拓展，呈现新的发展态势与趋势：一方面，美国、欧洲等国家开始探索低成本、小型化发展途径，以保持数据连续性和填补能力空白；另一方面，商业遥感卫星星座进入常态化补网阶段，时间分辨率和空间分辨率持续提高，全球对地观测能力与综合效益不断提升。比如，NASA 在 2021 年最新发射的 Landsat-9 是 Landsat 系列中的最新一颗，同时也是优化升级一颗，探测器性能进一步提升，入轨后与 Landsat-8 组网观测。其设计寿命 5 年，消耗期 10 年。其包含 11 个波段，其中 1 个全色可见光通道 15m 分辨率，8 个可见光-短波红外多光谱通道为 30m 分辨率，2 个热红外通道为 100m 分辨率。2021 年 12 月 14 日，NOAA 向商业对地观测公司——反照率公司(Albedo)颁发全球 0.1m 分辨率的光学遥感卫星图像的销售许可证。Albedo 公司将在极低地球轨道上运行一个小卫星星座，全色分辨率 0.1m、热红外分辨率 4m。该卫星星座将拥有全球商业遥感卫星领域的最高分辨率水平。

航空遥感方面，发展轻小型无人机并主要技术聚焦于成像传感器微小型化的竞争非常明显。

高光谱仪器、热红外成像仪对工艺水平要求较高，比较能够代表光学载荷的研制和生产水平。SPECIM 是世界上最早(1994 年开始生产)的商用高光谱产品，至今已经有接近 30 年的历史，其产品质量和销量也是首屈一指的。SPECIM 的产品范围分布比较广泛：航空机载、实验室研究以及工业应用等，其 Aisa 机载高光谱航空遥感系列是世界上广泛使用的机载系统，SPECIM 的产品从 VNIR、SWIR、MWIR 和 LWIR 各个波段的都有，SPECIM 最近还发布了 FX 系列高光谱相机，可任意选择采集波段，成像速度最快。

德国 Testo(德图)公司的 TC Thermal Imager 热红外成像仪，是世界范围内使用最为广泛的机载热红外成像仪之一。其红外探测器规模 640×512 像素，非制冷型，像素尺寸为 17μm，波长范围 7.5～13.5μm，热灵敏度 NETD <0.035℃ @ +30℃。

(3) 解决的重要工程科技问题

传统卫星的更迭换代进一步优化和提升探测器水平，低轨商业小卫星组网开展高分辨率观测。通过保持数据连续性、填补能力空白、提高时间分辨率和空间分辨率，解决了高分实时监测、多星组网观测、民用轻量化等重要工程科技问题。

美国康宁(Corning)公司生产的 425shark 机载全波段高

光谱成像系统具有友好的用户接口和设计，可以满足用户使用过程中的各种需求。其在数据处理模式、图形交互界面(GUI)、用户可操作性等方面具有如下特点：①具有四种测量模式(连续、区域、航线、启停点)，且系统能够根据高精度惯性导航数据，自动识别是否开始或停止测量，大幅提升了作业效率，减小了科研工作前数据预处理的工作量。②基于 web 的图形交互界面，不需要在用户的计算机上安装其他应用程序，可使用任何兼容 Java 的浏览器，如 Internet Explorer 或 Firefox，即可直接控制和操作设备。③用户可灵活选择记录完整的高光谱数据或者部分区域的子集，通过选取子集波段记录数据，可以最大化利用存储空间、延长作业时间、快速传输和处理数据。用户可以手动操作，或者从预编程的、自主的图像/数据采集模式中进行选择。④可以从美国宇航局 EARTHDATA 网站下载测量区域的数字高程模型(DEM)，以提高后处理正射校正和地理定位的精度。

作为商业化的设备，TC Thermal Imager 热红外成像仪对于用户来说，可以通过自定义选择内核硬件，允许用户通过 USB 存储 RAW 数据以及来自无人机等外部设备的附加信息，能和无人机的下行链路建立数据连接，从而获取 GPS 的地理坐标与时间信息，使得 RAW 数据更丰富。可以实现图像传输无断点、可输出实时视频、可进行相机内核硬件更换、连外壳仅重约 200g、可针对客户需求进行二次开发、同步触发接线、数据处理软件，各种优势使其具备较高的市场占有率。

## 2.4　遥感处理新概念架构与系统工具算法

遥感处理过程是指遥感数据到遥感信息的形成过程，包括获取、处理、组织管理、存储、分析显示等环节。

本小节主要针对遥感数据处理过程，近几年全球出现的新概念、新架构、新系统、新工具、新算法。

(1) 数据处理流程中的技术发展趋势

数据处理流程中的技术发展趋势主要包括两方面：数据下传后的地面静态处理技术和星上在轨处理技术趋势。

地面静态处理技术以国际上遥感数据处理软件 Context Capture，Pix4Dmapper，PhotoScan，Inpho/PhotoMod，ERDAS Imagine，ENVI，PCI Geomatica 和 ER Mapper 为例，并聚焦于软件特点、重点应用和核心竞争力三个方面，给出对比结果，见表 2.4。尽管这些软件各有特色，但其共性特征是：①自动化程度和数据处理效率都处于领先水平，能够满足数据处理的实时性要求；②都拥有独立自主的底层核心算法。而对于大多数的国产软件，都还处在科研或是在二次开发应用服务上，缺乏底层核心算法。

**表 2.4　数据处理软件对比**

| 软件名称 | 机构名称 | 软件特点 | 重点应用 | 核心竞争力 | 共性特征 |
| --- | --- | --- | --- | --- | --- |
| Context Capture | 美国 Bentley 系统公司 | 1.软件只能显示 3D 模型，其他处理结果需导入第三方软件查看；2.关联点和 GCP 的使用不方便 | 生成大型项目的 3D 模型 | 1.在同类软件中生成的 3D 模型细节的精细化程度最高；2.处理速度最快(分布式集群处理，支持海量数据解算) | 自动化程度和效率都处于领先水平，都能够满足数据处理的实时性要求 |
| Pix4D mapper | 瑞士 Pix4D 公司 | 1.无法调整中间结果；2.无法获得高质量的 DTM；3.不需 IMU、只需影像的 GPS 位置信息；4.支持倾斜三维建模 | 生成正射影像 DOM | 一键全自动化处理，DEM 和 DOM 的生成质量和效率都处于领先水平，但 3D 模型效果较差 | |
| Photo Scan | 俄罗斯 Agisoft 公司 | 1.灵活的非线性处理；2.可自动生成高精度 DTM；3.支持第三方软件中间结果的导入；4.不支持自动场景分割，容易出现“内存不足” | 生成小型项目的 3D 模型 | 拥有最新的多视图三维重建技术，无须给定初始值也能得到不错的 3D 模型 | |
| INPHO; Photo Mod | 德国斯图加特大学；俄罗斯 Racurs 公司 | 1.集卫星/航空/无人机/近景摄影测量于一体；2.率先支持分布式并行计算 | 生成 4D 数字产品 | 1.非常强大的连接点匹配算法，在水域、沙漠、森林等少纹理区域也能高精度匹配；2.能够处理线阵影像 | |

续表

| 软件名称 | 机构名称 | 软件特点 | 重点应用 | 核心竞争力 | 共性特征 |
| --- | --- | --- | --- | --- | --- |
| ERDAS Imagine | 美国ERDAS LLC公司 | 1.RS/GIS的高度集成化；2.高度模块化；3.易于定制流程化系统；4.市场份额最大 | 地物分类与解译 | 先进的数据融合算法 | 都拥有独立自主的底层数学原理和核心算法 |
| ENVI | 美国Research System INC公司 | 1.与IDL高度集成，易于二次开发；2.未来可处理所有传感器格式的数据 | 多光谱影像处理 | 先进的基于像素的信息提取算法 | |
| PCI Geomatica | 加拿大PCI公司 | 1.最通用，集成遥感影像处理、摄影测量、GIS空间分析和专业制图功能；2.可处理不同类型的影像(航/卫片、雷达、医学) | 影像制图 | 1.先进的SAR图像几何校正算法；2.先进的大视角远距离成像处理算法 | |
| ER Mapper | 澳大利亚Earth Resource Mapping公司 | 1.用户可自定义将若干个处理功能组织成一个处理流程，并以算法形式存储；2. 动态链接技术，实现遥感GIS数据库全面集成；3. 遥感和摄影测量的全模块设计 | 图像处理 | 1. 独特的算法框架概念；2. 高数据压缩比例下的高质量图像处理 | |

ERDAS 软件。ERDAS 是美国 LLC 公司开发的专业遥感图像处理软件，提供了空间建模工具(使用简单的 GUI)，参数/非参数分类器，精度评估模块，以及高光谱和雷达分析工具[57]。该软件在遥感数据处理软件市场中具有

46%的占有率，排在所有遥感处理软件的第一名。软件特点：①RS/GIS 的高度集成化。②高度模块化，各项功能都集成在工具箱里，可以单独调用。在运行一个模块时，可单独运行，屏蔽其他功能的干扰，不受影响。③提供的 Modeler 工具可以让毫无编程基础的人定制自己的流程化处理方案。重点应用：地物分类与解译(注意：不适用于定量遥感)。核心竞争力：①数据融合的效果最好；②功能强大，内容丰富，代表了遥感图像处理系统的未来发展趋势；③拥有先进图像处理算法。

ENVI 软件。ENVI 是美国 Research System INC 公司开发的遥感图像处理系统[57]。该软件获 2000 年美国权威机构 NIMA 遥感软件测评第一。软件特点：①当执行某一个功能时，整个 ENVI 系统会被挂起，直到操作结束；②与 IDL 高度集成，二次开发和定制方便；③对图像波段数没有限制，可以处理如 Landsat7、IKONOS、SPOT 等，并准备接受未来所有传感器的信息；④支持各种投影。核心竞争力：①在针对像元处理的信息提取中功能最强大；②可扩展能力非常强，方便使用 IDL 定制适用于自己的流程化系统。

PIC Geomatica 软件。PIC Geomatica 是加拿大 PCI 公司开发[58]，是国际上最通用的遥感处理软件之一，具有卫星和航空遥感图像处理，地球物理数据、医学、雷达图像处理能力。核心竞争力：①提供针对海洋、军事应用以及其他特殊构象情况(如大视角远距离成像)的成像处理；②能实现 SAR 图像几何校正与质量评价；③能够实现基于 RadarSAT 立体像对的 DEM 提取。

Context Capture 软件。Context Capture 是美国 Bentley 系统公司开发的实景三维建模软件[59, 60]。软件特点：①分为 Context Capture Master、Context Capture Viewer 和 Context Capture Engine 三种不同的应用程序，Viewer 只能显示 3D 模型，其他处理结果只能导出到另外的软件查看；②使用关联点和 GCP 很不方便；③无法创建 DEM。重点应用：三维建模。核心竞争力：①处理速度快；②生成的 3D 模型质量高；③支持视频处理；④可以生成切片模型。

Pix4D Mapper 软件。Pix4D Mapper 是瑞士 Pix4D 公司开发的实景三维建模软件[61, 62]。软件特点：①无法调整中间结果，无法从有缺陷的数据或复杂场景中获得满意的结果；②无法获得高质量的地形模型；③不需 IMU、只需影像的 GPS 位置信息，即可全自动一键操作；④支持倾斜影像的三维建模。重点应用：三维建模。核心竞争力：图像处理过程完全自动化，精度更高，真正使无人机变为新一代的专业测量工具。

PhotoScan 软件。PhotoScan 是俄罗斯 Agisoft 公司开发的实景三维建模软件[61-64]。软件特点：①灵活的非线性处理，用户有很多可配置的选项，即使初始数据非常糟糕，也可以获得可接受的结果；②可自动生成出色质量的 DTM；③适用于非地理对象，创建复杂的 3D 模型；④支持大量文件格式的输入，可以导出第三方软件执行某些任务的中间结果，然后导入到 PhotoScan 中继续处理；⑤一般用户难以掌握“高级”功能；⑥不支持自动场景分割，容易出现“内存不足”。重点应用：三维建模。核心竞争力：无须设置初始值也能重建出可以接受的 3D 模型。

Inpho/PhotoMod 软件。Inpho 和 PhotoMod 的功能类似，但 PhotoMod 比 Inpho 更强大一些。Inpho 和 PhotoMod 分别是德国斯图加特大学和俄罗斯 Racurs 公司开发的空中三角测量软件。Inpho 软件[65]包括立体相对密集点云匹配、高精度 DTM/DSM 获取、正射校正、镶嵌、匀光匀色等多个功能模块。PhotoMod 软件[66]则包含空三加密与平差、特征点提取、三维建模、影像镶嵌和数字地图制作等多个功能模块。软件特点：①集无人机倾斜和近景摄影测量、光学/雷达卫星影像等数据后处理于一体；②率先支持分布式并行计算[67]。重点应用：4D 数字产品的生成。核心竞争力：自动匹配同名点的功能非常强大，在水域、沙漠、森林等纹理较差的区域也能很好实现特征点匹配。

ER Mapper 软件。ER Mapper 由澳大利亚 EARTH RESOURCE MAPPING 公司研发，是当今国际流行的大型遥感影像处理软件，具有空间滤波、影像增强、波段间运算、几何变换、几何纠正、影像配准、镶嵌、影像分类、正射校正、等高线制图、雷达影像处理等覆盖遥感和摄影测量大多数作业任务的多个集成模块。软件特点：①算法框架概念贯穿整个图像处理过程，更适用于大型工程的图像处理作业；②可读取编辑和存储 GIS 数据，并实现基于遥感影像的 GIS 数据分析，接口支持多种 GIS 系统；③适合海量数据的高精度数据处理；④方便创新的用户开发环境[68]。重点应用：海量数据的大型遥感处理作业。核心竞争力：独特的软件设计思想；遥感、GIS、数据库的全面集成；先进的数据高比例压缩算法。

在过去的很长一段时间，国外的遥感数据及遥感图像处理软件基本垄断了国内的遥感应用市场，它们的共性特征是：①自动化程度和数据处理效率都处于领先水平，能够满足数据处理的实时性要求；②基于行业和专业的需求，都拥有独立自主的底层核心算法、比较完备的数学物理基础及自主可控的原型系统与公式；③在商业驱动及配套的强大处理软件下，数据共享与使用的技术瓶颈大大减小，导致国外数据的共享与分发力度很大。因此，国外数据和软件一直垄断了国内的遥感应用市场，国内的企业和高校需花费高额的费用购买和维护这些数据和软件，且国外软件缺乏国内通用的北京/西安坐标系，使用起来也不太方便。

自 2000 年以来，在轨实时处理系统已在美、欧等多个国家的卫星中初步应用，具有图像压缩、目标检测、分类等功能，代表了未来遥感卫星重要的发展体系上的潜力，是星上处理器发展新方向。

(2) 新概念、新体系架构、新系统、新工具、新算法

新概念：元宇宙、实景三维中国、新型基础测绘、单体化建模(不同于传统的点线面)、地理实体、云渲染、云控制。

新体系架构：三维建模集群智能调度系统架构。

新系统：Google I/O 2022 大会上谷歌推出了全新的沉浸式视图模式，利用计算机视觉和人工智能技术的结合，将街景和航空影像融合在一起。现在谷歌地图团队已经将“数十亿”的图像进行了融合创造出“身临其境”的沉浸式视图，让观察真实世界有了全新的角度。

新工具：目前智能处理在遥感应用中发展日益迅速，

机器学习、神经网络、深度学习等工具的应用给遥感数据处理和解译应用带来新的发展方向和推动力。

新算法：基于 nerf 的三维重建，与 sfm 的重建思路完全不同，借鉴了计算机图形学里的思路，没有匹配，没有平差，没有相机模型，直接从图片到三维模型。CityNerF 已经应用到了卫星影像上。

这些新概念、新算法对应着遥感技术的硬实力和软实力。硬实力对应遥感过程中的具体手段与处理方式，软实力对应着具体的应用方向。硬实力的提升对应的定量化、智能化水平的提高，基于遥感过程控制一体化进行逐个环节的瓶颈破解是硬实力增强的必由之路。软实力的提升对应着遥感产学研体系的建立，打通遥感链路，突破遥感环节各自为战的桎梏是软实力突破的核心挑战。硬实力、软实力兼顾，互为补充，互为促进，才是最终的落脚点。

## 2.5　顶尖学术机构的代表性进展与科技问题

基于上述 2.2～2.4 节遥感对象、遥感手段、遥感处理三个环节过程，本节总结归纳三者一体的遥感过程控制前沿进展。主要包括全球前几家大学和学术机构的代表性前沿进展以及所解决的重大科学问题。

1) 全球顶尖学术机构代表性前沿进展

国内外学术机构在遥感领域各有特色。一些国家层面的科研机构(政府性质)具有巨大的资源优势，掌握着卫星载荷发射、数据接收与处理、应用产品发布的主动权和优势。

国内外的大学科研院所等主要研究集中于遥感数据处理和遥感应用方面。2021 年软科全球大学遥感学科排名的部分情况见表 2.5，其中前 10 名里美国 2 所、中国 3 所(排名第 1 武汉大学、第 4 北京师范大学、第 8 电子科技大学)。该排名首先以发表论文为依据，数量上看我们已经走在了最前面；进一步，从论文标准化影响力和国际合作比例上看，我们还有非常大的由数量到质量跨越的发展空间。从遥感学科大国向遥感学科强国迈进，是我国高校、研究机构的历史使命。

**表 2.5　2021 软科的遥感技术世界一流学科部分排名**
**(以发表论文状况为主要量化依据)**

| 国家 | 学校 | 软科排名 | 重要期刊论文数 | 论文标准化影响力 | 国际合作论文比例 | 顶尖期刊论文数 | 总分 |
|---|---|---|---|---|---|---|---|
| 中国 | 武汉大学 | 1 | 100.0 | 70.3 | 53.5 | 100.0 | 281.0 |
| 美国 | 马里兰大学-大学城 | 2 | 65.1 | 75.2 | 81.1 | 77.0 | 233.5 |
| 德国 | 慕尼黑工业大学 | 5 | 48.6 | 91.4 | 75.5 | 52.7 | 207.8 |
| 法国 | 图卢兹第三大学 | 6 | 50.1 | 79.2 | 84.9 | 56.3 | 202.6 |
| 冰岛 | 冰岛大学 | 7 | 34.2 | 100 | 97.8 | 45.2 | 198.9 |
| 荷兰 | 特文特大学 | 9 | 50.2 | 72.1 | 89.7 | 53.8 | 194.0 |
| 西班牙 | 巴伦西亚大学 | 10 | 36.9 | 88.3 | 87.2 | 44.2 | 186.9 |

国内大学研究特色主要集中于遥感应用方面，部分涉及一些微纳卫星遥感载荷研究。主要包括：航空航天摄影测量、遥感信息处理[69]、空间信息系统与服务、遥感机理研究、遥感定量反演前沿理论和方法研究、空间地球系统科学研究、新型遥感技术研究。也结合学科前沿与国家重大需求，对遥感领域的空天地海一体化遥感协同、测绘地理导航遥感、微纳卫星遥感载荷微系统、生态遥感等领域开展共性基础理论和关键技术研究[70]。

表 2.6 列举了国际上几个比较有特色的遥感领域的科研院所和研究机构，分析其侧重的研究领域。

**表 2.6　遥感领域部分大学-机构研究领域特色**

| 类型 | 学术机构 | 侧重领域 |
|---|---|---|
| 大学 | 慕尼黑工业大学 | 数据处理 |
| | 冰岛大学 | 数据处理、遥感应用 |
| | 马里兰大学 | 遥感应用 |
| 机构 | 美国 NASA | 载荷硬件、数据处理 |
| | 美国 NOAA | 载荷硬件、遥感应用 |
| | 欧洲 ESA | 载荷硬件、遥感应用 |

(1) 国外的大学科研院所情况分析

国外的大学科研院所等主要研究集中于遥感数据处理和遥感应用方面。

在遥感数据处理方面：冰岛大学主要研究领域包括光谱和空间分类、图像处理、变化检测、深度学习、高性能计算，并应用于冰川学、火山学、地壳变形和生态学。特文特大学主要研究4D地球模型、地理空间信息获取(传感器和网络)、自然和人文地理中的遥感应用(森林、农业、城市、土地资源)、时空数据处理、水循环和气候信息分析。慕尼黑工业大学侧重遥感领域中的机器学习，包括多任务学习、模型迁移和元学习、混合建模、单目深度估计。

在遥感应用方面：马里兰大学主要研究方向包括先进的计算机建模，科学和地理可视化，传感器校准和设计，图像处理，地理计算，空间统计和语义学习[71]。马里兰大学的遥感专业在全美排名第1，并在碳植被动态和景观尺度过程方面开展了广泛的研究，重点是监测植被动态，以及由于气候变化导致的地球表面变化，其中一个重点是监测和模拟陆地碳循环。加州理工学院主要侧重于大气、植被、天体和空间遥感观测。图卢兹第三大学主要侧重于生态系统建模(对植被、水文、气候的遥感建模分析)。波士顿大学主要侧重理论研究以及与自然地理的研究，主要是运用遥感进行水、气候、环境、生态的自然过程的研究。

(2) 国外政府性科研机构情况分析

国外的一些政府性科研机构主要涵盖卫星载荷硬件、遥感数据处理和遥感应用的多个方面或单一环节。

美国国家航空航天局(National Aeronautics and Space Administration，NASA)是美国联邦政府的独立机构，负责民用太空计划以及航空航天研究。自成立以来，美国的大部分太空探索工作都由美国宇航局领导，包括阿波罗登月任务、天空实验室(即国际空间站)，以及各系列航天飞机[72]。美国国家航空航天局负责国际空间站的支持和维护，并负责监督猎户座宇宙飞船的开发，即太空发射系统，商业火箭和计划中的月球空间站。该机构还负责美国各类火箭的发射操作。除各类太空项目外，NASA 还专注于通过地球观测来更好地了解地球；通过太空科学任务研究计划来推进太阳物理学的发展；用先进的机器人航天器(如新视野号)探索整个太阳系的天体；并通过大天文台和相关计划研究天体物理学主要问题，例如宇宙大爆炸。NASA 使用卫星对地球进行观测，并为军用、科研、民用领域提供图像数据支持。观测对象大体分为三类，一是自然地理，包括陆地、海洋、冰川等；二是自然气候和灾害，包括风暴云、洪水、山火、沙尘、空气污染等；三是人文地理，包括城市、农业等。通过以上的遥感观测为人类提供地理学资料、气候变化监测以及导航服务等[73]。

美国陆地卫星(Landsat)系列卫星由 NASA 和美国地质调查局(U.S. Geological Survey，USGS)共同管理。从第一颗发射于 1972 年的 LANDSAT 卫星，到目前最新的 LANDSAT-9，该系列已在地球矿产、水文、海洋资源监测与合理利用，及农、林、牧等生态环境探测领域服务了 50 年。LANDSAT 系列卫星的有效载荷包括专题制图仪(TM)、多光谱成像仪(MSS)、陆地成像仪(OLI)和热红外传感器(TIRS)。迄今为止，系列卫星所获得的影像是在全球范围内应用最广、效果最好的地球资源卫星遥感信息源。自 1986 年至今，中国科学院遥感与数字地球研究所(现空天技术研究院)不间断地接收 LANDSAT 遥感数据，并能够提供多种处理级别的数据产品，产品格式包括 LGSOWG、FASTB、GeoTIFF 等。

美国国家海洋和大气管理局(National Oceanic and

Atmospheric Administration，NOAA)是美国商务部下属的美国科学和监管机构，主要集中于遥感应用领域，负责预报天气、监测海洋和大气状况、绘制海洋图、进行深海作业、在美国专属经济区勘探、管理海洋哺乳动物和濒危物种的捕捞和保护。NOAA 的具体职责包括：①提供气象和环境信息服务。NOAA 向其客户和合作伙伴提供有关海洋和大气状况的信息，例如通过国家气象局发布的天气警告和预报。NOAA 的信息服务也扩展到气候、生态系统和商业目的。②提供环境管理服务。NOAA 是美国沿海和海洋环境的管理者。NOAA 与联邦、州、地方以及国际有关部门协调，对渔业和海洋保护区进行监管，以及保护受威胁和濒临灭绝的海洋物种。③进行应用科学研究。NOAA 旨在成为生态系统、全球气候、水文环境，以及商业和海上交通等领域的重要信息来源。

1979 年，NOAA 发射了第一颗极地轨道环境卫星。至今在轨运行的卫星包括 NOAA-15、NOAA-18、NOAA-19、GOES 13、GOES 14、GOES 15、Jason-2 和 DSCOVR。

美国国家环境卫星、数据和信息服务(NESDIS)机构是由 NOAA 创建的，用于操作和管理美国环境卫星项目，并管理 NWS 数据和其他政府机构和部门的数据。NESDIS 的国家环境信息中心(NCEI)的数据由 NOAA、美国海军、美国空军、联邦航空管理局和世界各地的气象服务机构收集，这些机构包括天气和气候中心(以前是 NOAA 的国家气候数据中心)，国家海岸数据发展中心(NCDDC)、国家海洋数据中心(NODC)和国家地球物理数据中心(NGDC)。

欧洲航天局(European Space Agency，ESA)是一个由 22 个成员国组成的政府间组织，致力于太空探索。ESA 的研究项目包括载人太空飞行(主要通过参与国际空间站计划)；对其他行星和月球的无人探索任务的发射和操作；地球观测、科学研究和通信；设计和发射运载火箭。

1980 年代初期，欧洲政府委托 ESA 开发和运营第一颗欧洲遥感卫星 ERS-1，其后的是 1995 年的 ERS-2。2002 年，欧空局发射了 ENVISAT，ENVISAT 是欧空局未来十年监测地球环境计划的关键要素。

ERS-1、ERS-2、ENVISAT-1 三颗对地观测雷达卫星是由欧空局研制、发射并管理的。ERS-1 卫星是欧空局的第一颗对地观测卫星。欧洲工程师在欧空局的指导下开发了合成孔径雷达(SAR)。第一个 SAR 作为 ERS-1 卫星上的三个主要仪器之一，于 1991 年 7 月 17 日发射升空，卫星高度在 782～785km。ERS-2 卫星于 1995 年 4 月 21 日发射。当时，两颗 ERS 系列卫星是欧洲有史以来开发和发射的先进的地球观测航天器。这些 ESA 卫星收集了有关地球地表、海洋和极地帽的大量宝贵数据。ENVISAT-1 卫星于 2002 年 3 月 1 日发射升空，这是迄今为止建造的最强大的欧洲地球观测卫星[74]。ENVISAT-1 卫星的 ASAR 传感器与 ERS-1/2 卫星的 SAR 相比，可以以多种侧视角和两种不同极化方式进行对地观测。ERS-1/2 和 ENVISAT 使用雷达波进行主动遥感，并且由于微波波长较长，可以穿透云层，因此 SAR 卫星不受被观测地区天气的影响，可以全天时，全天候地进行观测，在环境监测、资源普查和抢险救灾等领域有着广泛的应用[75]。

2) 重大科学问题

(1) 国内大学结合学科前沿与国家重大需求，对遥感领域的空天地海一体化遥感协同、测绘地理导航遥感、生态遥感等领域开展共性基础理论和关键技术研究。

(2) 特文特大学主要研究自然和人文地理中的遥感应用(森林、农业、城市、土地资源)、时空数据处理、水循环和气候信息分析。

(3) 马里兰大学的一个重点研究方向是监测气候变化导致的地球表面变化，监测和模拟陆地碳循环。

(4) 加州理工学院主要侧重于大气、植被、天体和空间遥感观测。

(5) 图卢兹第三大学主要侧重于生态系统建模(对植被、水文、气候的遥感建模分析)。

(6) 波士顿大学主要是运用遥感进行水、气候、环境、生态的自然过程的研究。

(7) 美国国家航空航天局(National Aeronautics and Space Administration，NASA)通过地球观测来更好地了解地球，并为军用、科研、民用领域提供图像数据支持。美国陆地卫星(Landsat)系列卫星由 NASA 和美国地质调查局(U.S. Geological Survey，USGS)共同管理。迄今为止是在全球范围内应用最广、效果最好的地球资源卫星遥感信息源。

(8) 美国国家海洋和大气管理局(National Oceanic and Atmospheric Administration，NOAA)的业务运行系统包括地球静止轨道卫星和极轨卫星，主要用于解决全球气象预测这一重大科学问题。新一代 GOES-R 系列静止气象卫星

GOES-16 主要搭载的基线成像仪(Advanced Baseline Imager，ABI)，可用于地球天气、海洋和环境成像；能比以往载荷提供 3 倍的光谱信息、4 倍的空间分辨率和高于 5 倍的时间覆盖率。

(9) 与 Landsat 项目类似，欧洲航天局(European Space Agency，ESA)也支持法国国家太空研究中心(Centre National d'Études Spatiales，CNES)发展 SPOT(Systeme Probatoire d'Observation de la Terre)地球观测系统，并在 2011 年后发展为 Pleiades 系统，主要用于解决气候气象、生态环境等领域的重大科学问题。

## 2.6 顶尖学术会议及专家学者的遥感新观点

遥感过程一体化是本领域技术发展的主要探讨方向。本小节主要介绍全球最著名的、最有影响力的国际会议、几个顶尖学者的新观点。

(1) 全球最有影响力的国际会议

国际摄影测量与遥感学会 (International Society for Photogrammetry and Remote Sensing，ISPRS)于 1910 年 7 月 4 日由维也纳技术大学校长、奥地利摄影测量学会会长爱德华·杜尚教授倡导在维也纳成立。最初称为国际摄影测量学会，1980 年更改为现名。到 2000 年，又在其研究领域中加入了空间信息科学。摄影测量和遥感学会是一个非政府组织，致力于开展国际合作，推动摄影测量、遥感和空间信息系统及其应用发展。学会的运作不分种族、宗教、国籍或政治观念。主要活动包括：①促进成立国家或区域摄影测量和遥感学会；②发起和协调摄影测量和遥感领域的研究；③定期举办专题讨论会和大会；④通过出版《国际摄影测量和遥感档案》确保在全世界传播会议记录和研究成果；⑤鼓励出版和交流关于摄影测量和遥感的科技文章和期刊；⑥促进与相关国际科技组织的合作与协调。

国际地球科学和遥感研讨会(IEEE International Geoscience and Remote Sensing Symposium，IGARSS)是世界空间技术、多源遥感数据获取技术、分析处理技术和应用的最新进展集大成者，备受相关领域学者的关注与参与。其中空间技术在地震监测、预警、灾害防御、风险评估、应急救援等及其相关领域的研究与应用也是该会议的重要主题。

(2) 国际顶尖学者新观点

国际上知名专家和机构对于不同的遥感过程有着不同的定位和展望，具体如下。

在输入源过程，光源偏振特性是遥感未来实现全参量矢量探测的基础。国际摄影测量与遥感学会(International Society of Photogrammetry and Remote Sensing，ISPRS)前任主席 Orhan Altan 教授和遥感分会主席 Jie Jiang 教授于 2019 年 5 月专程到访中国，ISPRS 现任主席 Christian Heipke 教授携 ISPRS 学会组团与国际遥感学报 IJRS 编辑部、ISPRS 美国分会即 PE&RS 期刊编辑部，于 2019 年和 6 月到中国进行偏振遥感工作访问，报告会后表示：偏振遥感是国际摄影测量与遥感领域近 30 年发展中“最激动人心的原创进展”，为遥感过程从灰度级向光量子分辨率、一维标量向三维矢量、单参量向全参量探测的全面跨越提供了可能。光学偏振遥感为光源电磁波的表征和遥感分析应用带来了新的理论和方法，为遥感分辨率增加了新的维度，即二维偏振分辨率。偏振遥感光量子特性有望与量子通信相呼应、与卫星通信与导航等相结合，为通信导航遥感一体化技术突破提供新契机。

在地表过程，Markus reichstein 在 *Nature* 的 Perspective 栏目中提到：目前已经积累了大量的地球系统数据，存储量已经远远超过数十 PB，每天的数据也在快速增长，超过数百 TB。这些数据来自大量的传感器，包括从地球上方几米到数百公里的遥感，以及在地表和地下以及大气中进行的原位观测。"大数据"的四个"V"在地球系统数据中体现最明显：体量(volume)，速度(velocity)，多样性(variety)和准确性(veracity)。一个关键的挑战是从这个大数据中提取可解释的信息和知识，尤其是实时性的数据解译。我们采集数据的能力远远超过了处理数据的能力。为了最大限度地利用地球系统数据的爆炸性增长和多样性，我们在未来面临两项主要任务：①从数据洪流中提取有用的知识；②推导模型，从数据中学习比传统数据同化方法更多的知识，同时不断发展对自然规律的理解。

在平台与传感器过程，智能化成像手段是智能化遥感的重要部分。国外积极发展智能化对地观测卫星，在智能化数据获取方面，美国国防高级研究计划局(DARPA)提出"可重构成像(ReImagine)"的智能探测器项目，通过可重构成像技术改进相机的传统成像模式，在引入人工智能技术后，使相机可以根据场景自动优化成像模式。DARPA 计划将该技术应用于天、临、空、地的成像系统。项目指出，智能化的成像探测器应该探索主动学习新概念，使探测器可以确定应该收集的数据类型。要求智能探测器应对空间分辨率、时间分辨率、光谱响应和偏振响应的实时参数控制。智能算法应该根据场景的背景和各种数据的预测值最大化信息内容并做出决策。

在数据处理过程，第 21 届 ISPRS 大会主席伊恩 Dowman 在决议中建议：建立和开发用于智能传感器及数据融合的技术，鼓励研究深度和影像数据自动配准和定位方法，加强研究高分辨率影像的处理技术为空间数据库的动态更新服务，发展点云数据的自动处理及点云结合影像的处理技术。Dowman 主席进一步指出未来的发展动向：①海量数据的近实时处理，对灾难的快速响应；②同时要进一步拓展地理空间数据的多尺度效应研究；③新型传感器如测距相机，全波形激光雷达，UAV 的自动实时的高精度定位定向技术满足实时制图；④基于高分辨率影像的特征自动化提取和三维重建是迫待解决的问题。在 ISPRS 的技术展览会(Technical Exhibitions)上，数据处理技术正在逐步实现自动化、集成化、一站式、多源数据综合处理，如 Inofoterra 的像素工厂(Pixel Factory)、Inpho 系统、Lieca 的专用影像自动处理系统、我国自行研发的 DPgrid。数据处理系统总体变化不大，但在系统功能上除了原有的自动空三外，更多融合了 Lidar 数据处理功能，例如 ERDAES、PCI 和 ENVI 等。近年来，空间数据处理技术的较大进展表现在：集群环境并行化处理、自动化和流程化处理、网络化采集，以及自主产权化发展。李德仁院士与陈军院士对我国数据处理创新方向和攻关重点的建议：①多传感器网络的数据获取与处理；②摄影测量与遥感数据处理的自动化与智能化；③数据更新与在线应用服务。

综合一体看遥感过程，在20世纪末和21世纪初，世界未来发展学会、美国技术预测公司、美国未来研究所和兰德公司等研究机构对影响人类生存发展的重要领域做出了预测。其中，四个研究机构将生命科技领域和信息技术领域列为21世纪发展的重要领域，三个研究机构将能源和环境领域和智能领域列为21世纪发展的重要领域。美国政府和国会的重要文件中，多次把信息技术、生物技术和纳米技术并列称之为21世纪工业革命的主导技术。信息技术与能源环境智能领域的交融是不可阻挡的大趋势，而空间信息作为信息领域的核心技术，更是重中之重。上文中顶尖专家和知名机构对于遥感过程各个环节的定位和展望更是证明了空间信息获取的最优途径——即遥感过程控制和智能化。只有通过遥感过程控制和智能化，才能把通过整体构架来突破单个环节的瓶颈，连接一体后，顶尖专家和知名机构提出的热点难点问题就得以逐一破解。目前，遥感领域已经取得了丰厚的成就，这些成就是遥感过程控制和智能化未来发展的重要基石。

## 2.7　全球遥感前沿发展水平对国内的启迪

通过对国际遥感学科建设、地表(遥感对象)研究、仪器研制和数据处理等四方面内容的总结，结合国内制度优势，尤其是遥感观测领域统筹规划、全面推进的“大政府”管理模式，以自然资源、生态环境、水利、城乡建设、交通运输、农业农村、应急管理等重大需求为引领，加强全社会宣传科普与遥感过程工程化、业务化、产业化应用，在遥感的两个输入源建设和三环节贯通上，加强遥感过程控制技术实施，力争在国际上率先实现遥感过程智能化的跨越。

(1) 学科建设与发展

学科建设与发展有两个显著特点。其一，国外大学偏向于软件研究，主要是遥感数据处理和遥感应用。NASA、NOAA、ESA 等各政府性质的科研机构偏硬件的同时软硬兼有，研究主要集中于硬件仪器方面，同时涵盖数据处理和遥感应用等。其二，国外的大学和研究机构专业划分较为细致，虽然团队规模不大，但长期依托专业领域优势，集中精力在若干研究方向上做得很深入，所有的环节都有很深的研究。

国内的遥感研究之前是在测绘科学与技术一级学科下的摄影测量与遥感专业，主要是地学测绘研究背景的科研人员从事相关工作，电子学和仪器的研究人员从事遥感研究相对较少，使得仪器载荷性能指标与地学遥感应用需求存在差异，无法发挥最好的仪器效能。同时遥感研究面广而普及，需要跟踪国外前沿、加强源头创新探索。

我国将遥感科学与技术设立为交叉学科门类的一级学科。因此遥感过程一体化研究，可以基于深入学习国外各环节先进技术基础上进行。只有将遥感各环节都做得非常深入，遥感三环节贯通才更容易落到实处，进而实现遥感全过程一体化控制。基于遥感学科交叉的优势，在涵盖硬件系统、数据处理和遥感应用全过程上培养优秀人才，并促进学科交叉，整合资源，建立有影响力的科研平台。

(2) 遥感对象研究

在遥感机理和模型层面，与上述国际顶尖研究机构和团队相比，我国在遥感过程机理和模型原创性研究方面，依然存在不小的差距。目前国内外业界在植被、海洋、大气领域广泛使用的 BRDF 模型，依然是大多起源于 20 世纪的国外顶尖院所并经历了几十年发展的经典模型，例如 PROSAIL、SOSRT、MODTRAN、6SV 等辐射传输模型，Li-Strahler 几何光学模型和 Ross-Li 核驱动模型等。这些模型精度高、理论扎实、发展完备，在国内一方面成为了大多数学者的常用工具，提升了其学术水平，但另一方面从源端严重抑制了国内学者对遥感过程机理的原创性与自主性思考与探索。虽然国内研究院所，如北京师范大学，近年来已在多角度光学遥感和 BRDF 模型方面取得国际认可的进展并达到国际前列，但总体而言在考虑遥感电磁波机理和过程控制(例如对象-地表信息传递贯通控制、电磁波-地物相互作用)等方面的原创性理论依然偏少，这进一步限制了对尺度效应这一遥感定量化难题的解决。国内未来应落脚于遥感电磁波理论研究、多尺度下电磁波与地物相互作用的辐射传输过程机理研究、地表三维立体结构空间形态建模等方面，例如考虑光源的矢量非均衡偏振效应，构建地物散射信息的矢量偏振新型模型等；这些基础研究一方面充实国内关于遥感过程建模的原创性机理，另一方面为定量遥感尺度转换问题的进一步分析与解决提供新的思路。

在遥感数据产品层面，与国际顶尖同行相比，国内相对缺乏完整、连续、高精度、规范化的遥感数据处理业务链，这体现出遥感数据从获取到预处理，再到分发和用户使用过程中的标准化过程控制不足。虽然目前国内已研发出诸如全球地表卫星数据 GLASS 产品等逐渐流行于国际同行的优秀产品，但国内产品在连续性、精度、分辨率和算法的优化过程等方面还应继续借鉴例如 MODIS 产品团队的经验，逐步实现国产数据产品质量从跟跑到并跑再到领跑的目标。国内未来需要继续在遥感对象数据产品生产流程的标准化和自动化过程控制方面着力发展。

在遥感定量化应用层面，与国际顶尖同行相比，国内在智能化水平和一体化软件化程度方面存在较大差距。智能化方面，虽然国内研究机构，如武汉大学，已在例如深度学习与遥感应用结合的智能化方面领跑国际同行，但整体而言，国内使用的智能化模型一是缺乏原创性底层架构，例如采用的底层算法框架依然由国际知名团队提出；二是在遥感反演方面缺乏与物理机理的结合，例如混合模型构建。一体化和软件化方面，遥感应用流程的一体化和软件化程度不足。国内未来应在物理-智能化混合模型开发以及遥感数据处理过程的软件化和一体化方面发展。

(3) 遥感平台和传感仪器研制

国外先进遥感仪器和平台，都有着先进的材料、精密加工、电子等基础工业能力支持，先进的配套软件、强大的自动化能力，使得设备更加具有应用价值和市场价值，这些都值得国内学习和借鉴。同时，面对无人机遥感中仪器性能和精度的差距，需要从多个方面追赶。一方面，要提升材料、电子、精密加工等高端工业基础实力；另一方面，要探索新的技术方法，包括探索无人机遥感定标技术，以及载荷、平台一体化技术。例如，国家“863”计划重点项目“无人机遥感载荷综合验证系统”中国内科研人员建成了无人机遥感定标场[76]，推动了高分辨率无人机遥感应用走向系统化和定量化，实现了无人机民用遥感系统研制工程性技术的突破。此外，国外先进的无人机平台、载荷，通常是独立的机构和公司研制，载荷与平台缺乏一致性。因此我们可以研究对纷繁复杂的航空遥感平台系统进行技术分类和规范，贯通传感器、仪器平台物理模型为一体，实现对误差的精密控制传递。

在我国社会经济快速发展的背景和自然资源工作的迫切需求牵引下，“通导遥”一体化技术是我国提出的对地观测发展的重要趋势。当前，世界各国把低轨星座发展计划作为太空资源竞争热点，例如美国重点建设的地轨通信卫星计划 OneWeb 和高分辨率遥感卫星星座，以及比尔盖茨和孙正义提及的用于提供地球任意位置高分辨率影像和视频的 500 颗卫星组成的 EarthNow 星座。我国应把握这一历史重大机遇，充分利用 5G 网络等基础设施的技术优势，突破遥感卫星与北斗通信导航卫星的多星协同观测与信息传输技术瓶颈，实现多网融合与智能服务，进而实现通导遥智能化集成应用。

(4) 遥感数据处理

国内已拥有自己的遥测卫星及配套的国产处理软件，与国际先进软件的差异在于：国产软件的专业性较好，与我国自己的遥测卫星匹配较好，但通用性差。主要表现在：①国内遥测数据的共享度远远不够，国产数据用得少；②基于底层自主研发的国产软件少，核心算法未能突破，软件功能不够强大。主要原因是：①受芯片硬件水平和半导体工艺限制，影响了数据质量的深度提升；在设计成像传感器、仪器时，无法从源头实现自主的技术突破，向国外先进技术看齐的过程中难免受限，跟随居多、创新不够。②国产软件很少从数字图像处理的数学物理基础出发，从技术底层基础出发设计软件，过分依赖于国外软件二次开发的功能实现，导致国产处理数据用得不好，尚不能满足无人机遥感数据应用需求。

国产数据使用率低于国外数据的另一方面原因在于国内数据共享能力不足。源头上，传感器工业基础的限制使得国内数据共享模式无法从底层实现突破，而是聚焦在几个应用需求巨大的行业领域，经过多年发展，形成各自不同的数据应用专业模式(如定义、格式和组织存储方式)，具有各自较好的行业标准和统一规范，在本领域使用较好。这体现出国外数据共享的普适性强，而我国数据共享各环节上的专业性强，要实现普适性和专业性的统一，还有更多的工作要做。在此基础上，国内需要：①加强源头传感器工业的技术突破；②借鉴国外经验，在目前应用需求较大的领域内已形成的遥感数据共享模式的基础上进一步融合，为实现通用性强的数据共享模式奠定技术基础。

对中国发展的启示：①在遥感图像处理软件方面，国内应改变过去基于二次开发的逻辑，转变为从数字图像处理的数学物理基础出发，力争理论创新，依据自主化的原型理论公式从底层设计软件，实现从“陪跑”到“领跑”的跨越。②在遥感数据的智能化处理理论与技术方面，国内应从数学物理本质出发(例如锥体构像、光源偏振非均衡性、空天地信息贯通机理、控制论的闭环反馈机制等)，在遥感过程的定量化、自动化和实时化环节实现重大理论创新，而不能过分依赖于深度学习等数据驱动的统计方法。当各个独立环节实现高度智能化后，最终利用控制论将各个遥感过程建立反馈闭环，实现智能化产业体系。③在数据共享方面，国内需重点从数据的获取—处理—存储—显示—组织—管理这一链路上实现自动化过程控制，从而解决数据共享难题。例如：基于遥感锥体构象本质的极坐标体系可以较大减少现有静态事后处理的直角坐标体系的坐标转换，以更高精度和更小成本实现数据获取、处理、存储和显示过程；而地球经纬剖分格网技术则在锥体构象本质基础上实现数据的直接组织和管理。④从数字图像处理的数学物理基础出发，研制自主化的原型系统与公式及底层核心算法，提高国产数据的自主化处理能力，为数据的全面共享奠定理论和技术基础。

(5) 归纳与展望

基于上述，我们发现，西方发达国家遥感在遥感对象、传感器仪器研制和数据处理手段这三个环节均有很深入的研究。他们在遥感对象和处理手段方面的研究起步较早，现已发展得较为成熟，形成了国际上广为流行的理论模型与方法；在硬件研制方面他们也处于引领状态，具有非常高的传感器分辨率和相当精密的卫星平台硬件。国际上常用的卫星轨道设计对美俄等大国具有得天独厚的地理优势：美、俄的地理南北走向与极轨卫星轨道相适应，其一次过境观测的地球生态现象与地理地貌走势一致，因而观测效率相对较高。另一方面，其地广人稀，人均占有空间及自然资源相对丰厚，自然灾害相对平缓，弱化了对遥感对象的实时化精细化定量分析研究的需求。遥感是一个包括对象—传感器—处理三环节的整体控制过程，国际上在各个独立环节发展较好，且能够满足遥感监测的需求，但针对遥感三环节的过程控制开展系统化的创建工作基本上未予进行。

对国际发展现状的分析有助于我们：

(1) 在遥感手段和遥感处理上独立自主，奋起直追，实现并跑；

(2) 发展卫星遥感的同时，发展机动灵活的以无人机为主体的航空遥感技术，实现我国航空航天遥感两大战略的互补发展，并在遥感的精细化和智能化上实现国家安全和自主发展的中国特色；

(3) 在遥感对象、遥感两个输入源的建设上，在遥感三要素过程的自动化控制上，独辟蹊径；

(4) 三者结合，在国际上率先实现遥感过程智能化的全面跨越。

# 第 3 章　中国遥感的特点与现状

遥感是国家安全的眼睛，是国家社会经济发展的核心基础能力。遥感过程的三个环节(观测对象→手段→处理)(图 1.1)是西方对我国禁止输出的卡脖子的技术领域，我们只能从理论和技术源头起步，自己动手独立自主发展。中国遥感的历史，是独立自主、艰苦奋斗、波澜壮阔的追赶史，是中国高新技术创新引领的设施—设备—技术—方法—应用—理论—学科的全面建设史，是举国体制支持、多方面逐步实现与西方发达国家并跑，并将实现有中国特色的在部分领域领跑的遥感强国发展史。

## 3.1　中国遥感发展的里程碑事件及学科格局

中国遥感起步于 20 世纪 50 年代。1952 年我国成立了航空摄影测量专业(原解放军测绘学院)，1956 年原武汉测量制图学院成立(后更名为武汉测绘学院)，1967 年我国启动返回式遥感卫星研制并在 1975 年成功发射。同年，北京大学开始举办面向全国各行业的遥感培训班，开始培养遥感应用专业人员。1977 年启动风云气象遥感卫星研制并在 1988 年发射了风云一号 A 星。1978 年实施山东卫星遥感普查(北京大学主持)和腾冲航空遥感实验(原中国科学院遥感应用研究所主持)。1981 年原国家科委应时代需求，组建了国家遥感中心，形成“小核心、大网络”业务部协同创新发展和运行机制：“小核心”即中心本部，“大网络”指依托相关遥感单位设立的业务部，现已设立 67 个业务部。我国于 1988 年启动陆地遥感卫星研制并在 1999 年发射了中巴地球资源卫星 01 星，于 1997 年启动海洋遥感卫星研制并在 2002 年发射了海洋一号 A 星。

2005 年 8 月 8 日，贵州航空工业集团公司、北京大学、原中国科学院遥感应用研究所在贵州省实现了我国大型多用途工业无人机遥感系统飞行试验，与山东卫星遥感普查和腾冲航空遥感实验并称为我国卫星遥感、航空遥感和无人机遥感的三个里程碑事件[77, 78]。

自 20 余位遥感方向院士在 1999 年联名给国务院学位办写建议信申请“遥感科学与技术”一级学科以来，经过 2000 年、2009 年、2019 年三轮全国范围学科论证，国务院学位办于 2021 年 12 月把“遥感科学与技术”作为《博士、硕士学位授予和人才培养学科专业目录》中新增的 4 个一级学科之一，完成了全国相关高校意见征求工作。遥感科学与技术一级交叉学科已经在 2022 年 6 月经国务院学位办正式批准。

同时，中国遥感也通过民用航天、高分辨率对地观测系统重大专项、国家民用空间基础设施等重大工程的蓬勃发展和拉动效应，在国家主要部委和 31 个省(区、市)政府层面实现遥感工程化、业务化应用，正积极向市、县基层政府和大众民生提供服务和实现产业化拓展，并促进专业从业人员迅速增长；以遥感为内涵和支撑的空间信息产业也迅猛发展。

尤其重要的是，进入 21 世纪后，以遥感为源头的空间信息技术，在国家社会经济发展和国家安全中越来越凸显出不可或缺性，得到了党中央、国务院的高度重视。

## 3.2　中国遥感需求牵引与航空航天并举战略

我国遥感最早起步于地表应用的需求牵引。借助国外卫星遥感数据，大量举办遥感应用人才培训；通过购买传感器、精密仪器和航空飞机，实现仪器和整机的集成创新和实验验证，取得开拓性成果。在国家科委、国家教委组织下成立了国家遥感中心，成立了遥感数据分发部(中国测绘科学研究院)、遥感培训部(北京大学)、遥感应用部(前中国科学院遥感应用研究所)，用于：①统一购买、协调、组织、分发国际卫星数据；②多渠道引进器件、仪器、飞行平台，实现集成创新；③组织多行业数年多批次有计划的遥感人才培训；④重点推进遥感应用。种种举措以应用需求为牵引，使得我国遥感事业获得了有效组织和引导。

(1) 我国面向应用的卫星遥感需求起步

20 世纪 70 年代，我国的卫星遥感在自然资源、生态环境、农业农村等方面的巨大应用需求拉动下，迅速起步发展。如 70 年代末至 80 年代初，农业遥感在山西发展起来。当时，北京大学承继成教授等向山西省领导建议，用遥感方法进行全省范围内的农业资源调查，得到山西省委发文支持，由省农业区划委员会组织，从各单位抽调 70 多名专家、技术人员组成试验筹备组。在教育部的大力支持下，由北京大学承继成、马霭乃牵头，与北京农大、北京师大、华东师大、南京大学、山东大学、南京林学院等 7 大院校的 30 多名教授组成技术指导组，协同攻关，为山西省、市、县三级的农业资源调整配置提供了科学依据，在当时获得了引人瞩目的成绩[79]。同期水利部针对全国水土保持面积调查，比对全国各地基于各级人工统计汇总的传统方法和委托北京大学等单位基于卫星遥感影像的统计方法，发现卫星遥感方法的精度是传统方法的两倍，并由此经逐级分解验证，充分肯定了卫星遥感方法的科学性、准确性和时效性，开启了我国资源调查采用遥感监测与定量化分析的新途径。

(2) 我国航空遥感的独有特点

美国、俄罗斯、加拿大、澳大利亚等大国平原面积广阔,丘陵、山地面积占比较少,比如美国山地占比小于 50%，俄罗斯山地占比小于 30%(表 3.1)，且其地理地势地貌为南北走向，卫星南北两极轨道的观测模式恰好适合每一次飞过这些国家时对地理物候进行连续观测(图 3.1)。欧洲各国由于国土面积小，遥感卫星越顶就是一次全时相观测，无须考虑地理地貌走势且可以适应卫星遥感的南北两极轨道。这种特征使得西方国家以航天遥感手段进行对地观测为主，航空遥感为辅。

对我国而言，其特点主要为：①山地地理地貌多为东西走向，垂直于卫星南北两极观测轨道(图 3.1)，不利于地理地势地貌生物物候特征的连续观测，受到长周期、长时相限制，航空遥感不受固定轨道的限制，灵活机动，便于根据物候特征连续观测。②我国平原面积占比较少(12%)，国土面积超过 2/3 被丘陵、山地覆盖，地势起伏密度和高程差异相对较大，西南、中南等地区又长期多云多雾，这样的物候地理特征为航空遥感发展提供了大量需求，因此中国的遥感战略为航空航天手段并举(表 3.1)。航空遥感具有时效性好、准确度高、机动灵活、可云下飞行(部分克服云雾干扰)、成本较低等优势，结合航空摄影测量从模拟向解析、数字化的发展进程，逐步发展起来。③我国巨大的人口密度也对航空遥感有迫切需求，如新农村建设，乡镇社区的平均占地面积大约在平方公里的区域量级，在社区的规划建设中，对航空高分辨率遥感需求巨大。

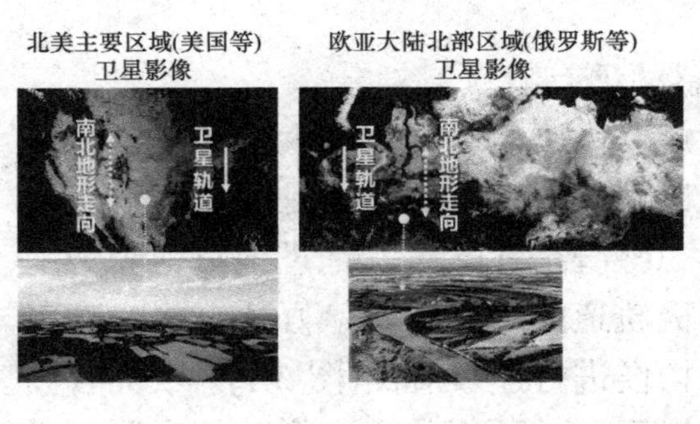


东北亚主要区域(中国等)卫生影像

图 3.1　美、俄与中国地理特征差异

**表 3.1　美、俄与中国地理特征、物候条件差异形成的不同遥感战略**

| | 美国 | 俄罗斯 | 中国 |
|---|---|---|---|
| 平原/国土占比 | 50% | 70% | 12% |
| 物候特点 | 平坦广阔 | | 超过 2/3 丘陵，多云多雾，实时性、精细化、高分辨率需求巨大 |

续表

| | 美国 | 俄罗斯 | 中国 |
| --- | --- | --- | --- |
| 山脉地理地貌走向 | 南北走向 | | 东西走向 |
| 遥感特点 | 遥感以卫星为主，航空以专业作业(如农业)为主 | | 航空航天遥感手段并举的国家战略 |

1978 年 9 月，原中国科学院遥感应用研究所牵头组织在腾冲开展国内航空遥感试验，完成了 75 项专题制图，并据此进行了全面的自然资源调查，尤其是对地理东西走向占比较大的山地和丘陵国土进行了细致的调查分析，展示了航空遥感的发展潜力和遥感应用的广阔前景[80]。

但是，航空遥感的安全性一直困扰着我国。到 20 世纪末，中国民用航空遥感有人飞机仅 300 余架套，形成多数省所在的通用航空公司统一管理、维护与作业的局面；但与当时美国 20 万架套的航空遥感规模相差巨大。

上述逐步形成国家总体布局的地球观测战略格局：以航天航空手段并举的对地观测技术体系，以航天手段为主的近地对天观测体系。

## 3.3　遥感电磁波辐射传输的定量化解译体系

遥感对象过程起始于入射光穿过大气，在地表反射，再穿过大气到达传感器的过程，以辐射传输方程为定量化基础。

现有遥感利用太阳电磁波入射光的平均强度 $I_0$，即理想光源条件假设下的辐射传输过程模型来刻画地表发生的二向反射过程；其影像以灰度级为最小分辨率，即 $10^2$～$10^3$ 个光子跃迁能量满足人眼辨识的最小刻度。真实情况是，电磁波是通过其切平面光量子振动而传播出去的，且这种振动受介质影响是非均衡的，以二维偏振参量表征，与地物作用时能够反映地物三维的光量子级别辨识力，即具有比影像灰度级辨识力高出 2～3 个量级的潜力，如图 3.2 所示。

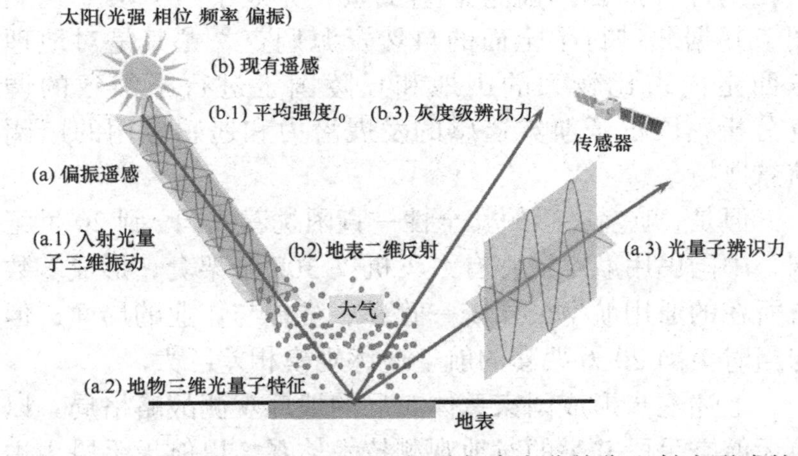


图 3.2　遥感平均强度理想光源假设与真实非均衡入射光形成的完整成像过程

李小文在《偏振遥感物理》的序中强调“应用目标的实现需要理论基础的建立、解释和突破”。中国定量遥感从 20 世纪 90 年代以来，取得了李小文、徐希孺等为代表的几何光学定量遥感和偏振光学矢量遥感等理论成果。

(1) 几何-辐射物理光学定量遥感

李小文从 1980 年代留学美国开始硕士学位论文工作

起，到 1990 年代初期归国，成为定量遥感领域国际著名学者。李小文的主要贡献是地物光学遥感和热红外遥感的基础理论研究，创建了被国际光学工程学会(SPIE)列为“里程碑系列”的植被二向性反射 Li-Strahler 几何光学模型。他提倡病态反演理论，证明了赫姆霍兹尺度效应，建立了非同温地表热辐射模型，创立了非同温黑体平面的尺度修正及非同温三维结构。

李小文回国后，领导了中国定量遥感重大领域研究方向，孕育出了国际顶尖的中国几何光学遥感定量化研究力量[81]。

徐希孺是我国辐射物理光学定量遥感的奠基人之一，长期从事遥感估产理论和方法研究，是我国最早的农业遥感估产学者之一，在作物种植面积遥感监测和遥感估产机理等方面做出了开拓性贡献，发表了《混合像元的因子分析方法应用》系列论文，获得国家科技进步二等奖。在热红外遥感领域，解析了地表热辐射机理及非同温像元热红外辐射方向性模型，为组分温度遥感反演提供了坚实的理论基础；后续在植被二向性反射模型、叶面积指数和 FPAR 等植被参数遥感反演与尺度转换等定量遥感前沿问题上做出了开拓性工作，尤其是晚年病逝前发表的《植被二向性反射统一模型》，对辐射传输物理模型和几何光学模型做了高度的概括和统一[51, 82]。

徐希孺在我国开设了遥感物理课程，先后在北京大学、原中国科学院遥感应用研究所、南京大学、北京师范大学、中国科学院大学等单位讲授，已成为我国定量遥感领域的经典基础教程。其编写的《遥感物理》教材荣获国家精品教材二等奖，并被多所遥感专业高校及机构作为研究生教材。

我国先后在地物波谱仪器，太阳模拟遥感实验场中取得进展，出版了各种地物波谱志，建立了地物波谱数据库。这些工作为理解遥感成像机理、遥感信息提取和遥感影像解译以及遥感探测仪器的波段选择等提供了理论基础。

国家基金委、科技部国家攀登计划等项目，如“地球表面能量交换的遥感定量研究”“地球表面时空多变要素的定量遥感理论及应用”等的实施，推进了遥感应用基础研究，延伸和扩大了我国遥感应用的深度和广度；针对定量遥感需求，这些项目研究了电磁波在典型地物中的辐射传输规律并得到了对应的模型方法。

遥感基础研究和试验模型的建立及验证离不开大量实验。为此，国内先后组织了芜湖地物波谱野外测试实验、长春净月潭遥感综合实验、以热红外方向为研究目标的禹城遥感实验、以定量化遥感为目标的北京顺义遥感实验、黑河水文生态遥感实验等，获取了从空中到地面的丰富的第一手资料，推动了遥感信息科学理论的建立和遥感信息模型的发展，促进了定量化遥感的应用。

(2) 偏振光学矢量遥感

结合上述理论工作，中国学者组合国内团队于 1990 年代起引导并联合国际定量遥感知名团队，以遥感电磁波横波矢量本质的偏振参量为切入点，与电磁波传播方向标量的几何光学、辐射物理光学结合，用多年积累的 30 余万组野外数据研究构建了偏振矢量遥感的系统化模型理论，撰写了《偏振遥感物理》专著并在 Springer 出版社面向全球发行英文版，实现了光学遥感由一维标量参数向电磁波三维矢量全参数的跨越。进而针对目前遥感数据定量化的两大瓶颈：大气衰减误差效应和光学亮暗缺失效应，提出了突破瓶颈的偏振遥感新方法。

概括来说，几何、物理光学的常规遥感研究主要利用电磁波的光强信息，是电磁波传播方向标量信息方法，进行“一景一像”的遥感信息获取。偏振矢量遥感方法在常规遥感影像基础上扩大到电磁波二维横波维度(图 3.3)，使得遥感能够利用的信息成倍增长，实现遥感过程由灰度级到光量子分辨率、一维标量到三维矢量、单参量到全参量的全面跨越。

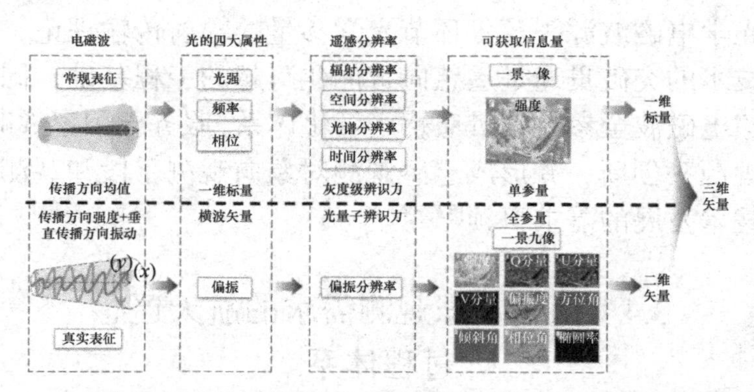


图 3.3　三维电磁波的二维横波矢量偏振与传播方向一维常规参量的分解关系

偏振是光波独立的新维度信息，是遥感分辨率中由中国为主开拓的二维矢量分辨率，使遥感太阳电磁光波实现了光强—波长—相位—偏振四参量的统一。偏振参量的挖掘，是电磁光波在遥感激励源参数的全面应用。其研究正在成为继高光谱等新技术后的遥感新热点。

在此基础上，尽管中国在遥感地物、传感器、信息三环节的研究上晚于国际发达国家和地区 20 年，但相关理论方法不断突破、快速赶超西方。尤其在遥感对象定量化方面，实现了理论和技术并跑、部分领跑；且以太阳电磁波非均衡偏振效应激励，发现并纠正了地物反演长期存在的系统误差，并贯通遥感地物和传感器，实现了传感器与遥感信息贯通、信息向地物自动化反演的反馈比较和动态校正(图 1.1)。

从而，针对国际遥感共同面临的需求多、获取数据多、可用数据少(<3%)的“两多一少”世界性难题，国内学者发现破解这些难题的数学物理源泉在于：基于遥感过程控制的光学电磁波源头及各环节光学参量的辐射传输理论，这些技术的突破贯通是遥感向智能化跨越的工程基础；同时构建电磁波全参数矢量遥感定量化体系，服务于国家战略，实现源头创新，并形成遥感观测对象向观测手段和观测数据技术发展的需求引领[83, 84]。

## 3.4　面向全球观测需求的航天遥感过程体系

我国遥感卫星最早面向气象应用需求。我国发射了风云系列卫星，用于气象监测与预报。风云一号、三号是极轨卫星，风云二号、四号卫星是地球同步轨道卫星。有了气象卫星，可以精准预测重大气象灾害如台风等。

遥感技术在海洋方面应用。例如在大海大洋开展海洋渔业遥感、水色遥感。渔业公司可以利用卫星遥感数据，获取海洋的温度、盐分、海流分布、浮游生物等水色遥感信息，从而根据专业知识进行渔场预报。在海岸带，开展海洋种植养殖开展旅游。

遥感技术在防灾减灾方面的应用。遥感技术在台风、暴雨、寒潮、旱灾水灾、滑坡、泥石流等气象、地质灾害的监测预报中扮演着重要角色。珠江、长江、黄河流域存在洪涝和水土流失等问题，虽然目前利用遥感技术预测水灾难度很大，但对于灾后了解洪水分布和灾害程度非常重要。在 1998 年特大洪水灾害，2008 年汶川地震等灾害救援中，遥感技术就发挥了重要作用。

遥感技术在土地利用变化监测方面的应用。遥感技术用于耕地保护，是我国运用遥感技术最大的贡献，为保护耕地、保障粮食安全做出重要技术支撑。国土资源调查在东部地区多采用 1∶10000 比例尺，分辨 1～2m，在西部采用 1∶100000 或 1∶200000 比例尺，20～50m 分辨率。第三次国土资源调查几乎全部应用遥感技术。

我国的遥感卫星系列主要有气象卫星系列、海洋卫星系列，灾害应急管理卫星，土地利用监测卫星。航天遥感手段包括了传感器—仪器—卫星平台—通信(数据传输)的过程，即地面将任务指令发送给卫星平台，卫星平台将任务指令发送给载荷，载荷开始工作，将遥感辐射信息转换为电信号，传输给卫星平台，卫星平台与地面通信并下传数据，形成卫星遥感的完整闭环控制。

(1) 不同应用场景下的卫星遥感过程体系

中国航天遥感始终围绕着遥感应用的巨大需求发展不同系列卫星。1970 年 4 月 24 日，我国发射了第一颗人造卫星“东方红 1 号”，随后大力发展卫星事业，尤其是返回式遥感卫星和面向气象、陆地、海洋、空间探测等的遥感卫星，获得了丰富的信息源[85]。

1999 年中国和巴西合作研制的地球资源 01 卫星成功发射，被誉为“南南高科技合作的典范”[86]。后续成功发射了中巴地球资源卫星 02 星、03 星、04 星系列，获得了广泛应用。我国的“资源一号”、“资源二号”卫星的成功发射及“资源三号”、“资源四号”的研制，形成了资源卫星系列[87]，该卫星系列具有几米到几十米分辨率。我国自 1988 年至今发射的风云一、二、三、四号极轨和地球同步卫星，几千米到几十千米分辨率，组成了风云气象卫星系列；2002 年起，我国发射了海洋系列卫星，几百米到几十千米分辨率；2002 年，继美国之后，中分辨率成像光谱仪上天(“神舟三号”宇宙飞船)。同时，我国经 20 年发射形成了北斗导航卫星体系并实现组网。我国还有相关的国防应用系列卫星。我国的雷达卫星计划自 2005 年起实施。由此，形成了我国航天遥感对地观测体系。我国已经于 2007 年 10 月发射了“嫦娥一号”月球观测卫星，携带了高光谱、CCD 立体相机等 7 种载荷；2008 年 9 月发射了 HJ-1A 环境与减灾小卫星，携带了可见-红外 CCD 相机和高光谱成像仪。

我国实施的《国家中长期科学和技术发展规划纲要(2006—2020 年)》将高分辨率对地观测系统(简称“高分专项”)列入重大专项，2010 年经过国务院批准实施了天基、临近空间、航空观测系统及地面应用系统，形成全天候、全天时的对地观测能力。高分专项已成功发射了高分系列卫星，见表 3.2。这些卫星形成了较为完善的“高分”对地观测系统[13]。目前，“高分专项”累计分发数据超过数千万景，已全面进入了各主要应用领域。

**表 3.2　高分影像卫星系列发射时间表及传感器参数**

| 发射时间 | 卫星名称 | 传感器 |
| --- | --- | --- |
| 2013-04-26 | GF-1 | 2m 全色/8m 多光谱/16m 宽幅多光谱 |
| 2014-08-19 | GF-2 | 1m 全色/4m 多光谱 |
| 2016-08-10 | GF-3 | 1 m，C-SAR |
| 2015-12-29 | GF-4 | 50m，地球同步轨道凝视相机 |
| 2018-05-09 | GF-5 | 短波红外相机，全谱段光谱成像仪<br>大气气溶胶多角度偏振探测仪<br>大气痕量气体差分吸收光谱仪，大气主要温室气体监测仪等 |
| 2018-06-02 | GF-6 | 2m 全色/8m 多光谱/16m 宽幅多光谱 |
| 2019-11-03 | GF-7 | 高空间分辨率立体测绘 |

上述所有遥感卫星中，极地轨道卫星根据幅宽不同，重访周期为 1～5 天，而地球同步卫星则为实时观测或数十秒重访周期。极地轨道卫星高度约 500～1500km，地球同步轨道卫星高度约 36000km。轨道高度差异、视场幅宽极大地影响着卫星的空间分辨率和重访周期，因此空间分辨率和重访周期在不同应用需求下需要有所妥协和侧重，满足不同尺度和不同时序观测需求。在一些同时需要高空间分辨率和高重访周期的应用中，比如灾情应急，则配合灵活的无人机遥感，可以达到实时高分辨率监测的需求。在满足不同需求技术目标时，遥感全过程的自动化、智能化

就显得尤为重要，即引入遥感控制论具备很强的必要性和重要性。

(2) 小卫星(微纳卫星)遥感过程及组网体系

小卫星一般是指质量在百公斤及以下的卫星，其中10～100kg 的称为微卫星，10kg 以下的称为纳卫星。小卫星遥感通常以星座组网观测为目标。

目前，国内遥感小卫星成果主要有：清华大学与英国萨瑞大学合作的清华 1 号(重 50kg)，任务为环境灾害监测、民用特种通信和科普教育；哈尔滨工业大学“试验卫星一号”，是国内传输型 CCD 立体测绘小卫星(重 204kg)；上海微小卫星工程中心的两颗高光谱遥感微纳卫星和高分辨可见光微纳卫星。

在商业遥感小卫星领域，星座化、高分化成为主流。2005 年“北京一号”(BJ-1)小卫星，搭载 4 m 全色与 32m 多光谱相机，实现 600km 幅宽成像，用于灾害监测与评估、植被调查、农业和测图等，2012 年退役。2015 年“北京二号”包括 3 颗 1m 全色、4m 多光谱的光学遥感卫星，仍在运行。2021 年“北京三号”成功发射。

同时，“天绘一号”(TH-1)系列小卫星用于立体测绘，由 3 颗卫星分别于 2010 年、2012 年和 2015 年发射，并成功组网运行；“高景一号”(SuperView-1)系列卫星是商业化运营的 0.5 m 高分辨率遥感卫星星座。2016 年、2018 年各发射 2 颗，已成功组网运行；“珠海一号”整个星座由 34 颗卫星组成，包括视频、高光谱、雷达、高分光学和红外卫星群，目前已发射并运营 12 颗卫星；“吉林一号”(JL-1)光学遥感卫星星座，计划包含近 200 颗卫星平台。截至

2022 年 4 月已在轨 46 颗卫星。此外还有厦门大学的“海丝一号”SAR 小卫星，武汉大学“珞珈一号”夜光遥感小卫星等。

微纳遥感卫星优势是可集群/星座/组网运行、投入产出比高、发射/应用灵活度高、运营管理便捷、以数量优势补偿单星功能的不足，是国家卫星观测体系的重要发展方向。

(3) 卫星遥感的地面接收与处理过程系统

地面站发送任务指令，接收遥感数据，并对遥感信息进行处理组织管理、存储显示，以及分发，形成数据接收和管理的控制过程。

三十年来，我国已建立起多个遥感地面信息系统，初步形成网络体系。例如，建成于 1986 年的中国遥感卫星地面站，成为国际对地观测网中有较大影响的重要一员；中国资源卫星接收系统在北京、广州、乌鲁木齐等地建成，包括地面接收和数据处理，服务于多类应用；我国气象卫星应用系统于 1987 年建成，为我国天气预报、气候预测、生态环境与灾害监测做出贡献；国家卫星海洋应用中心从“海洋一号”卫星地面应用系统建设开始，实现了稳定的业务化运行。此外，面向 MODIS 数据业务，武汉大学、中科院遥感所、国家气象中心、海洋局预报中心等单位相继建立了其地面接收站。

在遥感数据处理方面，我国已具备资源卫星、气象卫星、海洋卫星、航空影像等多源遥感数据处理的能力，如海量遥感信息快速并行处理技术、多源遥感数据高精度融合、影像自动镶嵌、自适应几何配准、自适应增强、云层覆盖影像恢复、SAR 数据处理、干涉雷达直接生成 DEM、导数与积分光谱分析、图像时间立方体分析、植被生化参量反演、基于光谱特征提取模型、基于空间结构提取模型、基于空间关系提取模型、基于过程提取模型、基于 GIS 的提取模型等。

我国同时研制了一系列针对遥感技术应用的软件系统，如：GeoImager3.0、RSSTAR、IRSA-3、RSIPS 微机图像处理系统和 HIPAS 高光谱处理系统等，形成了遥感数据处理的完整体系，保障了遥感数据的广泛应用。“十五”至“十三五”期间，在国家 863 计划、科技攻关、国家重大研发计划项目等支持下，我国推出了多个具有较完整自主知识产权、能处理高空间分辨率、高光谱和雷达卫星数据的遥感图像处理软件系统。

## 3.5 面向局部实时应用的航空遥感过程体系

航空遥感以国家社会经济发展的高分辨率实时应用巨大需求而发展，尤其包括在城镇建设、新农村建设、区域发展方面发挥了重要作用。

在城镇建设方面，建设智慧城市过程中，利用遥感技术可以了解城市发展状态，获取建成区面积，为城市规划提供依据；可以了解城市建设情况，不仅是平面数据，更需要三维数字地表模型；可以了解城市管理和环境，智慧城市、数字城市的建设离不开基础设施管理，利用遥感技术加强道路、建筑、垃圾站点、文物的信息管理，提高城市管理能力和效率。利用合成孔径雷达(SAR)来获取房屋、桥梁、水坝、道路等形变或沉降信息，预防灾害的发生。

在新农村建设方面，利用航空遥感技术可以获取高精度的数字地表模型，调查生态资源，促进美丽乡村和生态文明的规划和建设。现代农业利用航空遥感技术可以实时监测农作物长势，预测农作物产量，并可以及时利用无人机或有人机进行喷洒农药等，提高工作效率。在地形复杂难以进入的山区林区，可以利用无人机热红外遥感技术进行火灾火情监测，提高山火监测的效率和覆盖范围，能够第一时间发现火灾隐患或火情，并迅速处置灾情。

在促进区域发展方面，区域规划需要不同范围、高精度的地表信息作为规划的依据。利用无人机遥感技术可以快速地获取区域内土地覆盖、地表分类信息，根据获取到的土地利用情况结合区域发展目标来制订符合当地实际的发展规划。无人机遥感还可以对土地利用变化情况、项目建设进展情况进行实时跟踪和监测，对于非法占用耕地等现象可以及时发现，对于项目建设中的粉尘污染、污水排放等可以第一时间摸排出违规现象，为促进区域发展的生态文明建设提供技术支撑。

航空遥感以有人机遥感和无人机遥感为主，此外还有约占 10%的飞艇、气球等。

航空遥感手段包括了传感器—航空平台—通信(数据传输)的过程。对有人机来说，机上人员将任务指令发送给载荷，或者在预设条件下，载荷开始工作，将遥感辐射信息转换为电信号，传输给飞机平台的其他显示、存储设备，形成有人机遥感的完整闭环控制。对无人机来说，地面将任务指令发送给无人机平台，无人机平台将任务指令发送给载荷，载荷开始工作，将遥感辐射信息转换为电信号，传输给无人机平台，平台与地面通信并下传有限数据，或机上存储落地下载数据，形成无人机遥感的完整闭环控制。

有人机遥感多使用大型飞机，覆盖面广，飞行平稳，尤其满足大比例尺航空测绘等需求。无人机遥感应用灵活，易于保障，安全高效。我国从 20 世纪末不足 400 套的有人机航空遥感系统到如今以超过数百万套无人机系统为重要特征的航空遥感系统规模，位居世界首位。

(1) 有人机遥感过程的发展现状

1909 年，威布尔·莱特第一次从飞机上拍摄了航空相片。1960 年，世界上第一部 SAR 载荷问世。1983 年，世界上第一台成像光谱仪问世(Jet Propulsion Laboratory，JPL)。1990 年代，商用机载 LiDAR 系统问世。2000 年航空数码相机问世(ISPRS 阿姆斯特丹大会)。

1950 年代，黑白航空相片应用于秦岭等地区的 1∶20 万区域地质调查[88]。1972 年，原国家计委地质局航空物探大队成立了航空地质组，组建了我国第一支航空遥感地质飞行专业队伍，引进了航空摄影相机(德国 RMK-A 型)。1970 年代，引进了遥感飞机和多种航摄仪、光谱仪及其配套的地面处理设备，用于高低空遥感作业。

1984 年，中科院引进美国塞斯纳“奖状 S/II 型”(CITATION S/II)两架高空遥感飞机，并成立了中科院航空遥感中心。中科院自主研制完善了大型高空航空遥感系统，集成了包括可见光-近红外、热红外和微波等在内的 13 台(套)遥感仪器。据不完全统计，飞机累计承担了近百项各类航空遥感应用项目，飞行面积超过 200 万平方公里。其中包括，2003 年淮河流域洪灾应急飞行任务，以及珠穆朗玛峰、雅鲁藏布江等 8 次西藏高原飞行作业。珠峰遥感图像应用于 2005 年国家组织的珠峰高度重新测量项目中；2008 年 5 月 12 日汶川地震发生后，两架遥感飞机紧急开展遥感应急救援，获取了震区高分辨率数据，构成天、空、地一体化监测网络，形成了全天候、全天时震灾观测体系；2008～2013 年连续 5 年开展汶川灾区遥感监测，获得大量航空遥感数据[89]。

20 世纪末，美国具有约 20 万架航空遥感飞机。相比之下，那时我国具备近 400 套通用航空遥感飞机，当时每个省基本具备一个通用航空公司，负责航空遥感业务。目前我国遥感飞机包括国产的运系列飞机和其他引进飞机，包括大篷车、空中国王、大棕熊和 PC-6 等。高空主要使用奖状、里尔、运-8 和呼唤等飞机，中空普遍使用国产的运-5、运-11 和运-12 等飞机。适应小面积、低空、高空间分辨率航摄的则有轻小型的蜜蜂、海鸥和海燕等[90]。

(2) 无人机遥感过程的发展现状

不同于有人机航空手段受天气和安全管制影响较大，进入 21 世纪以来我国无人机(Unmanned Aerial Vehicle，UAV)遥感迅猛发展。据统计，大疆为代表的主要无人机厂家在国内销售无人机已接近 300 万套。根据中国民航局飞标司 2022 年初发布的《中国民航驾驶员发展年度报告(2021 年版)》，截至 2021 年 12 月 31 日，中国民用航空局颁发的无人驾驶航空器(无人机)有效驾驶员执照 120844 本，其中超视距驾驶员执照数量为 38476 本。全国共有无人驾驶航空企业 12663 家；2021 年全国无人机日均飞行达

105.73万架次，日均飞行时长达4.57万小时。最近5年，国家加强了无人机注册登记工作，根据《中国民航报》报道，截至2021年12月31日，我国无人机实名登记系统注册数量共计83.02万架，比2020年底的52.36万架增加了58.6%。近年来行业部门已经开展了加强无人机登记注册的制度化建设工作，力争在未来2～3年实现90%以上的无人机注册。加上飞艇和气球等其他无人飞行平台，国内目前估计已拥有超过300万架(源自：中国无人机工作委员会)无人航空器。这为我国航空遥感发展提供了强大的新动能。

历史上，世界首架无人机(英国皇家航空研究院)问世于1917年，其构成的遥感系统是一种新的航空遥感系统。从20世纪20年代起，无人机先后经过了无人靶机、侦察机、电子无人机的发展，主要服务于军事，技术日趋成熟[76, 91]。

1950年中国的无人机产业兴起，1990年代成功发展了低速遥控靶机、“长虹”以及“长空1号”等系列无人机，以试验为主。2002年贵州盖克无人机有限公司和北京大学合作，集合了双方在无人机平台和传感器技术方面的优势，获得了科技部中小企业创新基金“空间遥感平台中的CMOS成像与信息处理系统”(02C26215200750)资助，是国家早期支持民用无人机遥感载荷平台研制的重要代表[92]。同时，在国家科技攻关计划项目“多用途无人机航空遥感系统研制”(2004BA104C)的支持下，贵州航空工业集团公司、北京大学、中科院遥感应用研究所于2005年8月8日在贵州省实现了我国大型多用途无人机遥感系统飞行试验(图3.4、图3.5、图3.6)，获得了2cm分辨率、监测作业影像实时滚动下传同步拼接、高分辨率数据落地后3小时内完成数字影像拼接图[93]。

图 3.4　分辨率 2.25cm 的无人机航空遥感首飞遥感影像

图 3.5　2005 年 8 月 8 日多功能无人机遥感系统首飞仪式

图 3.6　多功能无人机遥感系统首飞现场

基于上述，国家发展和改革委员会对无人机遥感批准了“无人驾驶空中对地观测系统研发平台能力建设”项目(国发改办高技〔2005〕1534 号)，实现了大型工业无人机系统在金沙江“死亡峡谷”精准飞行的壮举，获得该峡谷高分辨率遥感影像[92, 93]。填补了我国民用高端无人机遥感系统产业化的领域空白。

“十一五”期间，原中国科学院光电研究院、北京市信息技术研究所、贵航集团、北京航空航天大学、北京大学等机构合作承担了国家 863 计划重点项目“无人机遥感载荷综合验证系统”(2008AA121800)，建成了无人机遥感载荷北方(内蒙古包头)、南方(贵州安顺)综合验证场[94, 95]。

“十二五”期间，原中国科学院光电研究院、中电科技集团 54 所等开展了 863 计划重点项目“无人机遥感安全检测技术与网络示范体系研究”(2013AA122100)，取得系统化成果。2011 年，科技部航空数据获取产业联盟理事长单位北京星天地信息科技有限公司和武汉大学牵头组织的国家科技支撑计划项目“高性能航空遥感数据自动处理加工软件”(2011BAH12B00)，建立起了机载传感器数据实时监测与海量航空遥感自动化处理系统。2013 年起，北京大学与武警警种学院实现了无人机遥感实时指挥救援移植，建立武警轻小型无人机基地和定标场，填补武警军兵种空白；促进建立国家遥感中心应急救援部，国家应急救援装备产业技术创新战略联盟。在 2014 年鲁甸、2015 年尼泊尔地震中，实现重大灾害救援的无人机遥感实时指挥、救援人员零死亡、中国实时组织国际救援。2014 年，科技部国家遥感中心启动了全国性无人机遥感资源规划布局工作。

“十三五”期间，科技部扩大了无人机遥感标志性领域和技术的支持。其中有代表性的是中国科学院地理科学与资源研究所牵头的重大研发计划项目“高频迅捷无人航空器区域组网遥感观测技术”(2017YFB0503000)。项目涉及无人机平台和载荷、无人机导航控制、遥感观测、数据通信等多方面，是无人机遥感“通导遥”一体化的最新探索。2016～2018 年科技部“地球观测与导航领域”重点专项立项的有关项目共计 55 项，其中 11 项与无人机遥感直接相关。

进入“十四五”以来，科技部等相关部委的科技立项也大量涉及无人机遥感领域。其重要目标就是在有人机航空遥感技术基础上，实现向无人航空遥感的产业发展。同时，基于消费级无人机的遥感系统也开始迅猛发展，如中国深圳市大疆创新科技有限公司 2021 年推出的精灵 4 多光谱版，集成了 1 个可见光相机和 5 个多光谱相机(蓝光、绿光、红光、红边和近红外)等。

## 3.6　面向灵活机动应用的地面遥感过程体系

地面遥感手段是集地物精细化数据获取、分析和应用为一体的控制过程。地面遥感手段，包含了站式、车载、背包式、手持式等各类多/高光谱、红外、激光雷达仪器。地面遥感观测手段灵活机动，国家在技术发展上给了不断的引导性支持。

地面遥感手段首先应用于地面三维立体测绘，例如，1999 年成立的立得空间信息技术有限公司，研制出中国第一台面移动测量系统。随后不断扩展，推出了装载于火车、飞机、轮船的测量系统以及单人便携式移动测量系统。

可见光、近红外波段的高光谱成像仪可用于植被生化含量参数反演、农作物生长监测和产量预测，建材材料的鉴别，文物鉴定鉴别与分类保护，水果、蔬菜、谷物、肉类的缺陷、品质检查。同时，由于高光谱数据量大，高光系统价格昂贵，先利用高光谱技术识别几个特征波段，然后使用对应谱段的多光谱成像系统进行农产品品质在线检测[96]。

地面热红外成像仪可以用于农业监测，包括作物水分胁迫监测、冻害胁迫监测、侵染性病害监测、测产等方面[97]。还可以用于电气设备监测，电路巡检。在发电厂、变电站的高压设备出现故障时，故障局部区域会表现出热异常现象，热红外成像可实时获取物体的表面温度变化情况以及热量分布，可对实时高压设备进行非接触式检测[98]。在光伏发电中，太阳电池及组件在制造过程中，表面会存在污染、断栅、虚焊、隐裂及碎片等问题，以及电路内连接点未能紧固等都会造成局部温度异常。红外热像仪可清晰辨别出现异常过热的部分及时排除故障，确保电站运行安全可靠[99]。

地面激光雷达则主要用于地面环境三维点云的快速获取，比如森林资源调查、自动驾驶。地面式激光雷达通常用于地面目标精细三维数据的采集，比如可以获得较为精准的林下植被三维信息数据，因此较多地应用于林下森林参数提取[100]。在汽车自动驾驶中，利用车载激光雷达进行周围障碍物检测，可以抗环境光干扰，具有测量精度高、方向性好等优点[101]。在自动驾驶的热潮下，激光雷达的市场认知和应用规模当前呈现出爆发式增长，相关机构预测，到 2026 年，车载激光雷达全世界市场规模将达 57 亿美元，到 2030 年市场规模将达 500 亿美元。

## 3.7　空-天-地遥感的一体化应用过程特点

航天遥感主要适用于全球尺度下的观测，航空遥感主要适用于高分辨率的区域观测，地面遥感则是灵活的精细化补充，即航天普查、航空详查、地面补充。三者在多个领域通常相互配合实现一体化应用例。例如，以我国卫星体系为分类的气象监测、海洋监测、灾害监测、土地资源监测等几大遥感典型应用，均形成了航天、航空、地面不同的遥感手段结合。当多种平台、多种数据协作应用时，以遥感控制论为基础的遥感自动化、实时化、定量化就更凸显出必要性。

(1) 气象监测。气象监测主要依靠卫星遥感和地面遥感探测大气层要素变化，获取全球、全天候、三维、定量、多光谱的大气、地表、海洋要素，开展气象预测，进而服务于农业、灾害预防等领域。中国气象遥感卫星为“风云(FY)”系列，始于 1977 年，目前风云一号至四号已经发射 8 颗极轨气象卫星和 9 颗静止轨道气象卫星，为中尺度强对流天气的预警和预报提供服务。地面气象站，在全国范围内广泛分布，通过地面光学、激光、微波等各种遥感和非遥感探测手段，监测局部地区温度、气压、湿度、风向风速、辐射、降水、能见度等气象数据。航天遥感数据和地面站点数据的综合利用，结合现代大数据建模，形成高效、准确的气象预报。当前中国风云四号各项指标处于世界前列。

(2) 海洋监测。中国海洋遥感卫星命名为“海洋”(HY)系列，用以监视海岛、海岸带和海上目标，获取海面浪场、风暴潮漫滩、内波、海冰和溢油等信息。海洋航空遥感如高光谱遥感、光学偏振、激光雷达等在实时舰船目标监测、赤潮和浒苔灾害监测、溢油监测、海冰监测等重要应用领域中具有显著优势[102, 103]。海洋表面实地测量为航空和航天遥感观测提供实地真实数据，用于不断提高航空航天遥感载荷性能和地表反演模型精度。中国当前正开展的新一代海洋水色卫星的研制，其性能将达到 NPP(National Polar-orbiting Partnership)配置的可见近红外成像辐射计(VIIRS)、Sentinel-3A/B 卫星配置的海洋与陆地彩色成像光谱仪(Ocean and Land Color Instruction，OLCI)国际同类水色遥感器的水平。

(3) 灾害监测。减灾防灾应用主要由陆地遥感卫星、无人机、地面监测站共同协作完成。主要应对洪涝、地质灾害、森林火灾等等。基于遥感技术开展灾害监测主要在灾害预测、灾害范围监测和灾害损失评估三个方面发挥作用。灾害监测卫星通常需要中高分辨、高重访周期。环境减灾(HJ)系列卫星由两颗光学卫星和一颗雷达卫星组成。同时，资源(ZY)系列、高分(GF)系列等陆地观测卫星也可用于灾害监测。洪涝、地震、滑坡等自然灾害发生时，通常伴有阴雨天气，不利于卫星监测，此时航空遥感将发挥重要作用，比如 2008 年汶川地震、2014 年鲁甸地震，航空遥感为救灾提供了宝贵信息。“十三五”国家重点研发计划无人机组网项目组于 2020 年 6 月在江西开展了洪涝监测实验。

在灾害预测中，地面遥感手段也发挥着重要作用，比如地表形变检测雷达，可监测毫米级地表形变，在重点区域部署，可提前预警滑坡、决堤等灾害。

(4) 城市监测。城市监测包括城市建设、发展监测和城市治理监测，涉及不同尺度的监测需求，通常需要航天、航空、地面遥感手段的结合。高分(GF)、资源(ZY)系列陆地卫星可提供各尺度、谱段的光学航天遥感数据。另外，还有一些新型载荷的小卫星，比如 2018 年 6 月发射的“武汉大学珞珈一号科学实验卫星”(LJ-1)兼具遥感和导航功能，提供 130m 分辨率、幅宽 250km 的夜光影像数据，用于社会经济、区域发展评估研究。同时，无人机遥感可以获得城市建设更为精细的数据，还可以在突发事件中进行重点区域实时监测。各类车载、背包遥感仪器可以获得城市各个角落的详细测绘数据，服务于数字城市、智慧城市建设。未来，遍布城市的各类传感器，通过 5G、6G 物联网连接，“通导遥”一体化，实时关注城市动态，为城市建设、城市生活实时保驾护航。

## 3.8　遥感科学与技术学科建设的一体化格局

建立遥感与空间信息学科的组织管理和教育体系，培养空间信息人才，服务于遥感数据获取、信息处理和遥感信息应用的过程，主要对应遥感第三环节。

1) 遥感科学与技术学科体系建设

我国已经形成了完整的遥感空间信息的组织结构体系。经国务院和其他主管部门批准成立了国家遥感中心，以及气象、资源、海洋等国家级遥感应用中心。其中，国家遥感中心下设有土地资源部、自然灾害遥感部、农业应用部、遥感卫星地面部、技术培训部、武汉技术培训部、资料服务部、航空遥感一部、气象卫星遥感部、地方遥感一部、研究发展部和地理信息系统部等几十个机构。有关的学术组织也得到了蓬勃发展，如中国测绘学会、自动化学会、海洋学会、宇航学会、空间学会、地理学会、航空学会、地质学会、海洋湖沼学会、感光学会等都有相应的专业委员会，中国遥感应用协会，以及正在筹备的中国遥感学会。我国还是亚洲遥感协会的重要成员国。根据“全国遥感行业科技体制改革发展现状调查”显示，我国具有法人地位的遥感机构已达 500 多个。

我国的遥感学科教育事业发展也异常迅速。国务院学位办 2021 年 12 月发布的《博士、硕士学位授予和人才培养学科专业目录》中，“遥感科学与技术”作为交叉学科门类拟新增的 4 个一级学科之一，成为我国遥感教育体系形成的标志。

2) 遥感科学与技术一体化技术格局形成

未来空间技术力量的强弱将是一个国家综合实力的重要标志之一。我国遥感事业经历了几十年的探索，从实验到运用、从单一技术到综合技术、从单学科到多学科综合、从静态到动态、从区域到全球、从地表到太空，已经形成了立体、多层次、多角度、全方位和全天候的对地观测体系。1980 年代以来已经形成了：

(1) 部分领先的遥感信息机理基础研究理论体系；

(2) 完整的对地观测体系，即建立了稳定运行的卫星遥感和机动灵活的航空遥感体系；

(3) 完善的遥感数据接收和处理体系；

(4) 完整的遥感组织结构与学科体系。

总之，我国遥感已经形成了较为完整的理论和技术体系，航空航天遥感事业已形成强大基础，并具备广阔的发展前景，部分领域已赶上乃至达到国际先进水平。航天遥感平台与国际接轨同步发展；以无人机遥感产业为特征的航空遥感更展现出在全球全面领先的发展态势。在此基础上，更需要加强遥感应用，以服务国民经济和社会可持续发展。

3) 我国遥感技术与国外相比存在的一定差距

需要正视我国遥感技术水平与国外依然存在一定差距：

(1) 在总体技术水平方面，国外遥感对象定量化、仪器平台和遥感数据处理算法的实际应用精度指标均有较高水平，而国内实际业务化应用的精度依然较低，学术研究和业务化应用鸿沟较大，国产卫星数据获取不便，导致大多数学术研究都在使用国外数据，且多以国外算法和产品作为对比基准；

(2) 在工程技术方面，同样指标下的国外卫星通常性能更稳定性、精度更高，涉及光学、电子等方面的精密制造工艺，需要我们沉下心来虚心追赶；

(3) 国外研究者和机构不断提出新模型、新概念，最终逐渐推动了全世界整个行业的发展未来，我国研究者也应该注重这样的想象力和洞察力，才能最终实现我国遥感技术的进步；

(4) 国外学术机构在同一研究方向上的研究更加持之以恒，做得十分深入。我们应该加强分工与合作，做好资源分配，把研究做得更深入更扎实；

(5) 我国正在积极地主办高水平的学科国际会议，促进国内外顶尖学者的交流与合作。

遥感自动化、智能化是遥感未来发展的新契机。航空航天观测手段目前已经实现了自动化，即传感器—仪器—平台—传输自动化。而地面对遥感数据和信息进行获取—处理—分发的过程未能实现整体贯通进而实时化，遥感对象地表定量解译在光学辐射传输过程即贯穿大气—地物—大气过程中未实现模型的整体贯通进而定量化，这恰恰需要遥感过程控制论方法的系统化。遥感作为一门交叉学科，其系统硬件和信息获取处理与应用的各环节其实都融入了控制论的理论与实践方法中。因此有必要通过将控制论理论引入到遥感科学领域中，建立起一套科学的理论方法与技术手段，最终服务于遥感过程的自动化实时化定量化，进而实现智能化。遥感三个环节一体化控制关键技术将在下一章展开介绍。

# 第4章　遥感过程控制与关键技术

针对遥感观测对象(地表)的高精度定量化解析(反演)并进行研判，即围绕观测对象精确解决其 When、Where、What、Why 等问题，是满足遥感需求的根本手段。因此，遥感系统本质上是一个过程控制系统；经遥感处理、信息定量反馈成为闭环自组织系统，进而奠定遥感智能化的技术基础。

具体来说，确定观测对象的 When、Where 是遥感的前提，导航定位是必要的输入手段，与遥感数据通过时空关联共同实现；What、Why 是遥感要着力解决的问题，以太阳电磁波非均衡偏振矢量入射或人为发射微波、激光等与地表相互作用的精密表征刻画为基础，并辅助必要的地面观测和社会经济数据，作为必要的输入手段，贯穿遥感三个环节(图 4.1)，即：①遥感对象-地表信息贯通传递；②遥感手段，包括传感器—仪器—平台光机电贯通实现误差传递，反馈到遥感对象的定标链路的误差校正等；③遥感处理，包括基于经纬表征地表对象到传感器的锥体成像光路的极坐标基准体系构建，影像处理过程时空-频域转换分析与表达等。由此构成遥感过程系统，且其关键技术在本章依次展开。

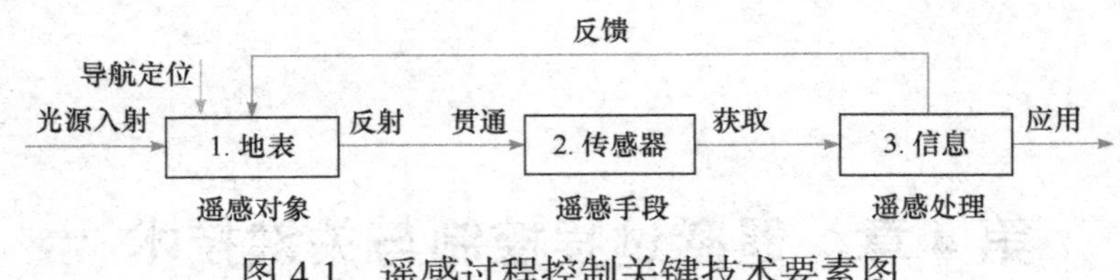


图 4.1　遥感过程控制关键技术要素图

## 4.1　辨识地物 When，Where 的通导遥基础

导航定位手段可以用于确定地物对象 When 和 Where，是遥感的必要支撑。包括卫星导航定位(技术先进，轨道已知，安全性上是被动的)、惯性导航定位和地球自然场导航定位三类手段。

1) 卫星导航定位系统

目前常用的卫星导航定位系统是一种人工的、被动接收卫星信号进行导航的方法，其卫星轨道是公开的。卫星导航定位系统(Global Navigation Satellet System，GNSS)目前国际上主要有四大体系[104]，也有少量的区域性试验系统。

(1) 中国北斗卫星导航系统(BeiDou navigation satellet System，BDS)。BDS 是我国独立自主设计、建设运行的全球性卫星导航系统。可在全球范围内全天候、全天时地提供服务，包括高精度的定位、导航、授时服务，同时具备短报文通信能力；目前应用已经普及。

(2) 美国全球定位系统(Global Positioning System，GPS)。GPS 是美国军民两用、军事目的优先而建立的，可以实现全方位实时三维导航与定位，被誉为美国继阿波罗登月计划、航天飞机之后的第三大航天工程，已成为当今世界上最实用、应用最广泛的全球精密导航系统。

(3) 俄罗斯格洛纳斯卫星导航系统(GLOble Navigation Satellite Syatem，GLONASS)。GLONASS 与美国 GPS 系统相类似，覆盖全部地球表面和近地空间。俄罗斯称多功能的 GLONASS 系统的定位精度可达 1m，速度误差最小为 15cm/s。

(4) 伽利略卫星导航系统(Galileo Satellite Navigation System，GSNS)。GSNS 是欧洲独自建立的，可以提供高精度、高可靠性的全球定位服务。应用范围涉及大地测量和地球动力学服务，以及运输、铁路、航空、农业、海事、工程建设、能源等领域。

综合考察四大体系的发展，我国与国际水平处于并跑状态，有些指标更加先进。

2) 惯性导航定位

人工被动式的卫星导航系统需要接收外界信号，其安全性和隐蔽性存在风险，因此人工自主式的惯性导航系统(Inertial Navigation System，INS)一直发展并被广泛应用。INS 是不依赖于外部信息的自主导航系统，其中精度最高的静电陀螺(Electrostatic Suspended Gyro，ESG)仅 $4.4\times10^{-2}$ 角秒/年漂移，被美俄用于水下和空中系统，并利用 ESG 卫星验证爱因斯坦相对论效应。我国也经过 30 多年努力，实现了技术突破[105]。同时，在中、低精度的导航系统中，可以采用卫星导航定位系统提供的位置信息建立组合导航系统，并适当降低对惯性信号器的精度要求。因此，在组合导航系统中，需要采用小型化和低成本的惯性信号器。20 世纪 90 年代，出现了多种微机电系统(Micro Electro-

Mechanical System，MEMS)的陀螺仪和加速度计，其高度集成化的 MEMS 惯性信号器得到了广泛应用。具体如表 4.1[106, 107]。

**表 4.1 惯性导航技术发展的历史阶段**

| 起始时间 | 惯性信号器与定向系统 | 定位定向系统 |
| --- | --- | --- |
| 20 世纪前 | 磁罗经，气泡式水准仪摆式 | 天文导航系统(六分仪) |
| 20 世纪 50 年代前 | 摆式陀螺罗经，摆式陀螺垂直仪，无线电罗盘，无线电测距仪 | 计程仪(测速仪)，无线电导航系统 |
| 20 世纪 50～70 年代 | 陀螺方位水平仪，惯性航姿基准系统，静电陀螺仪 | 平台式惯性导航系统，卫星定位系统 |
| 20 世纪 80～90 年代 | 静电、激光陀螺仪，光纤陀螺仪，微机电系统的陀螺仪与加速度计 | 捷联式惯性导航系统，惯性/卫星组合导航系统 |
| 20 世纪初～20 年代 | 超高精度静电陀螺卫星相对论验证，超导陀螺仪，自然场导航 | 水下导航、星光导航、工业导航系统 |

INS 导航定位，不对外发射信息，具有完全的自主性和安全性。但其随时间的漂移不能自主纠正，需要借助卫星导航系统或地球自然场等恒定参数进行校正。因此，INS 追求的是精度随时间的漂移率越低越好。

3) 地球自然场导航定位

人工自主式的惯性导航系统虽然隐蔽性和安全性较好，但存在累积误差和漂移的缺点，而利用非人工的地球自然场导航则可以克服累积误差的不足，同时具备自主式导航的隐蔽性和安全性优势。我国对利用地球自然场导航定位已开展了 20 多年系统深入的研究，理论基础和实施验证的有效性都位居国际前沿，并开始应用于遥感观测对象的定位定向[108]。

地球自然场由场源和力线构成。当场源为点时，力线是场源的法向量(如重力和地形场)；当场源为轴时，力线或者穿轴为轴切平面的法向量(如地磁)，或者为与场源轴垂直的扩散力线(如太阳偏振光)。地球自然形成的稳定的场，可以作为人类活动的空间参考基准。地球自然矢量场，是指可以在地球全域或相当区域内自然形成的矢量场。自然界中存在万有引力并且地球在不停地自转，使得地球周围的空间中分布着地球重力场和磁场；且地球内部介质的不均匀性导致地表出现不同的地形构造，形成地形场。它们有巨大的应用潜力[109]。

重力场导航定位，即利用重力敏感仪器测量重力场图实现跟踪导航的技术。重力场是一个点场源，以等效地心的位置为质点，力线向该点汇聚。重力场值分布图十分稳定，图中各点具有特定的重力分布。导航系统中存储了各个地点的重力分布图，以传感器测得的重力梯度值比较，从而计算当前位置和期望的路线。持续定位以到达目的地。这种导航方法既不接收外部坐标消息，也不对外辐射，称为无源导航。它符合 21 世纪水下运载体“高精度、长时间、自主性、无源性”的导航需求，是未来导航发展的方向。

地磁场导航定位。地磁场等效于一块磁铁，磁力线在南北磁极发出和汇聚。地球磁场是由于自转形成的、位于地球内部及其周围空间内的矢量场；场轴与地球南北极形成非常小的角度，场力线垂直于场轴。地磁场由各种不同来源的磁场叠加构成，按来源可区分为：主要来源于地球内部的稳定磁场和起源于地球外部的快速变化磁场。地磁场及其时空变化反映了固体地球及地球周围空间环境的重要信息。利用测得的地磁数据与地磁图进行匹配，可以实现运载体的导航定位。自然界的许多动物利用地球磁场进行导航定位。

地形地貌场导航定位。地形地貌可以用高程场来表征。因为地表高程的变化是连续的，所以可以将不同区域尺度的高程垂直梯度变化作为“场轴”，不同高程的平滑区域视为不同的高程“力线”，由此对稳定的地形地貌可以以自然高程矢量场加以规范(不考虑地表植被、人工建筑物等高程)，形成地形地貌高程的自然矢量场(包括使用测深技术对水下高程进行测量)，并与电子地图进行匹配，进而实现导航定位。

偏振光场导航定位。太阳光入射地表时，受大气粒子效应影响而产生非均衡偏振场效应。场源是太阳光入射轴，向各个方向散射。因为太阳照射全球，由此形成了以 24 小时为周期的太阳偏振矢量场，生物利用偏振光导航证明了其客观性、周期性、可用性。北京大学团队在世界上系统提出了天空偏振矢量场的定义、机理、应用体系，并被国际同行认可。因此，截至目前的观测证据表明，天空偏振矢量场可以成为人类已知的地磁场、重力场后，地球第三个自然矢量场；可以通过偏振正交单元的偏振信号响应来解算太阳方位，实现定位。

表 4.2 对自然场导航要素进行了归纳。总体来看，中

国处于并跑或领跑状态。自然场导航定位是完全自主的方式，覆盖全球，且无漂移。目前的精度尚无法与卫星导航定位和 INS 导航定位相比。但其全域性覆盖可作为区域的粗定位手段，再以其他手段精定位。

表 4.2　自然场导航定位典型参量

| 地球自然场 | 主要参数指标 | 核心公式 | 国内主要单位 |
| --- | --- | --- | --- |
| 重力场 | 位置、航向角、横滚角、俯仰角、速度等 | 归一化积相关法(NPROD 算法)：$D(u,v)=\sum_{i=1}^{N}N_{u,v+i}m_i\Big/\sqrt{\sum_{i=1}^{N}N_{u,v+i}^2\sum_{i=1}^{N}m_i^2}$ | 海军工程大学<br>中国科学院测量与地球物理研究所 |
| 地磁场 | | 平均平方差法(MSD 算法)：$D(u,v)=\frac{1}{N}\sum_{i=1}^{N}(N_{u,v+i}-m_i)^2$ | 航天科工集团<br>北京大学<br>国防科技大学 |
| 高程矢量场 | | 基于 Hausdorff 距离的相似匹配算法：$H(A,B)=\max(d(A,B),d(B,A))$ | 国防科技大学<br>北京航空航天大学 |
| 天空偏振场 | 偏振度、偏振角 | 偏振度：$P(\Theta)=\frac{1-\cos^2\Theta}{1+\cos^2\Theta}=\frac{\sin^2\Theta}{1+\cos^2\Theta}$<br>偏振角：$\cos\varphi=\frac{\sin(A_s-A_p)}{\sin\theta}\cos h_s$ | 北京大学<br>大连理工大学<br>清华大学 |

将地球自然场导航进行推广，可拓展为服务于自然空间观测的人工场。

4) 通信—导航—遥感一体化技术基础

《中华人民共和国国民经济和社会发展第十四个五年规划和 2035 年远景目标纲要》指出，将“打造全球覆盖、高效运行的通信、导航、遥感空间基础设施体系”。即“通导遥一体化”已成为我国抢占战略制高点的重大机遇。通过卫星一星多用和多星组网，可以实现天地链路的多网融合，实现信息服务的智能化。

(1) 导航与通信的结合

通信是卫星定位导航和信息传输利用的前提。通信和导航功能兼具的系统称为通信导航一体化。

移动通信系统是全球使用范围最广、人数最多的通信系统。利用移动通信信号进行定位导航始终是一个热门话题。1G～3G 移动通信系统的定位功能非常有限，3G 只能达到数十米量级的定位精度。而 4G、5G 等系统，定位信号与通信信号共存，实现了通信与导航的紧耦合。但由于带宽和时长等限制，4G 无法突破米级的定位精度。随着 5G 的发展，毫米波等技术的应用极大程度提升了定位性能，5G 的定位精度已经突破米级，达到亚米甚至厘米级。

通导一体化将通信与导航定位融合起来。随着中国自主研制的北斗导航系统的发展完善，将会为导航—通信卫星的功能结合带来新的发展契机和空间。

(2) 导航与遥感的结合

遥感信息需要时间和空间四维变量，导航定位是遥感应用的基础。遥感过程中遥感目标的 when、where 对应的时间和空间变量需要导航系统提供信息，what 对应的遥感信息需要通信链路来传递。遥感信息和导航信息都以通信链路为基础。以 GNSS 遥感为例，GNSS 系统以高时间分辨率的 L 波段(1～2GHz)微波信号传递导航电文，但其含有反射的遥感地物信息[110]。GNSS 折射信号被应用于地震、大气水汽等探测，GNSS 反射信号被应用于海洋和陆表参数的估算，成为近年来 GNSS 应用的前沿热点。

(3) 通导遥一体化

现有常见的卫星信号通常各成体系、信息分离，没有充分挖掘卫星信号的应用潜能。随着卫星硬件系统和通信技术的发展，以往专长的导航、遥感、通信卫星会兼具两项或三项应用功能，最大限度地利用卫星信号的带宽，传输更多更精确的信息。例如，利用“通、导、遥”一体化的卫星能力，可以有效促进各地应急管理能力的提升，实现应急救援智能化和一体化指挥，提升防灾减灾救灾能力。因此，三者一体即“通导遥”一体化有利于天地网络的融合利用，实现信息服务的智能化。

## 4.2　辨识地物 What，Why 的入射光波矢量场

偏振是太阳辐射的四大基本物理属性之一。太阳辐射进入地球地气圈层时，会受到大气粒子、地表等的折射、散射和反射影响，使得非偏振态的太阳光产生偏振现象。*Science*、*Nature* 报道了 4 例相关发现：地球生物如蝙蝠等借助视觉偏振光进行精确环境感知和导航[111]，匈牙利科学家发现航海家利用偏振光在大西洋中辨认方向的千年未解之谜[112]，欧洲空间局从月球微弱偏振反射光中筛选出地球植被踪迹[113]，中国屈中权成功获得太阳闪耀偏振光谱[114]。如此提示我们：自然界是否存在一个天空偏振场？这个场可否穿透大气服务于遥感观测？可否证明其“弱光强化，强光弱化”探测能力并精准监测大气、海洋蒸腾与地表生态圈层能量交互？甚或与重力场地磁场结合，形成地球科学的“三

足鼎立”，去深化认识地球自然现象？[83, 84, 115]。

### 4.2.1　太阳入射场轴：大气偏振中性区探测规律

“大气窗口”对于利用遥感数据认知地物特征光谱至关重要，传统定义为不同地物最小衰减的特定狭窄波长区域，专业性强；由于地物千差万别，对应的“大气窗口”不一、互相交联，难以实际利用。且常规遥感将太阳入射光看作常数，未考虑电磁波非均衡偏振效应引发的遥感定量化系统误差，是遥感地表-大气耦合无法分离、定量反演水平长期徘徊在 80%置信度的最大根源。为此需要开展地-气耦合系统的地表偏振信号影响与误差传递研究。

以太阳为中心，将大气偏振效应为零的空间区域称为偏振中性点，形成了可实现地表-大气信息有效分离、没有或极少光学衰减的“偏振大气窗口”理论，对不同地物普遍适用。如图 4.2 所示，常规遥感大气窗口与波长和对象

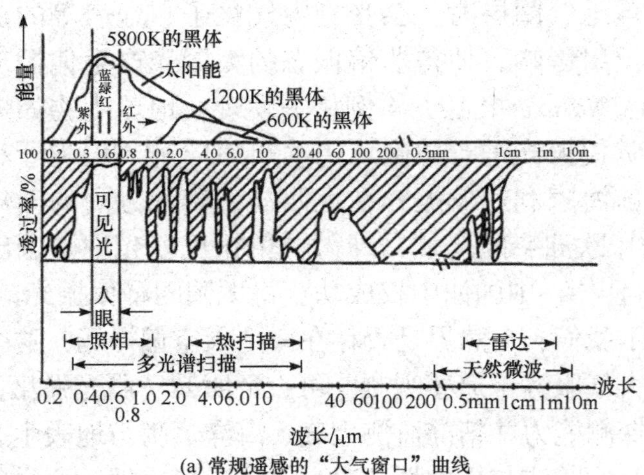

(a) 常规遥感的“大气窗口”曲线

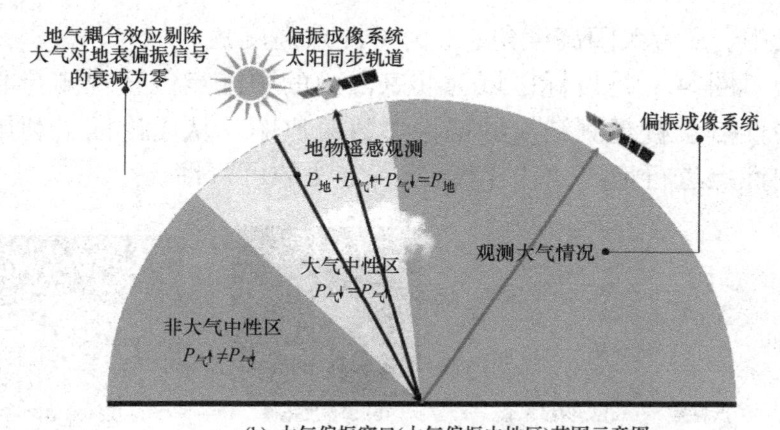


(b) 大气偏振窗口(大气偏振中性区)范围示意图

图 4.2　大气窗口与大气偏振窗口

类别有关，而大气偏振中性区只与观测空间位置相关，与观测对象无关。

在测量地物的偏振信息时，传感器入瞳处的偏振量是大气下行偏振、地物偏振、大气上行偏振的总和，$P_{\text{入}} = P_{\text{下}} + P_{\text{上}} + P_{\text{地}}$。在大气偏振中性区，大气散射上行偏振度与下行偏振度互相抵消，偏振度最小，$P_{\text{下}} + P_{\text{上}} = 0$。进入传感器的偏振信息全部反映地物的偏振信息，$P_{\text{入}} = P_{\text{下}} + P_{\text{上}} + P_{\text{地}} = P_{\text{地}}$。在临近大气偏振中性区，进行地表-大气偏振信息的解耦，反演地物偏振信息，得到地物目标物理、化学、结构等参数。

Babinet 中性点高度角与太阳高度角的关系如式(4.1)所示。同一地点在一天中的太阳高度角是不断变化的。中性点高度角与太阳高度角满足如下关系：

$$\begin{cases} y = 0.9x + 18 \ (0° < x < 30°) \\ y = 0.75x + 22.5 \ (30° \le x < 90°) \end{cases} \tag{4.1}$$

式中，$x$ 为太阳高度角；$y$ 为中性点高度角。

图 4.3 是目标区域为北京西山的中性点位置观测与非中性点位置观测结果的偏振参数对比图。从而论证了利用中性点进行地-气偏振信息分离方法的可行性。

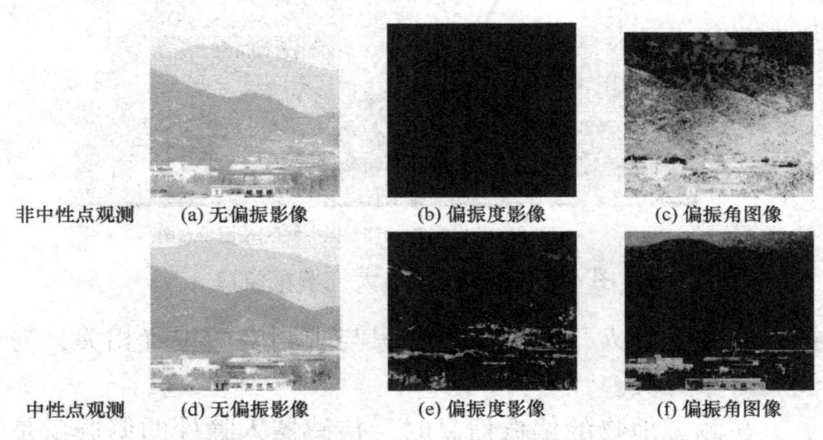


图 4.3　中性点位置观测与非中性点位置观测的偏振参数对比图(北京西山)

通过系列航空对地观测和改造国家天文台太阳跟踪望远镜上的闲置辅镜，发现基于“偏振大气窗口”获取的观测信息比传统方法增加 70%以上；进而提出太阳同步偏振卫星方案。

### 4.2.2　太阳场力线：天空偏振模式图探测规律

中国遥感学者与国际合作，引导了以太阳为中心，基于不同时间和纬度的世界多地长期观测，经模型解析形成天空偏振模式图，并通过连接不同强度值提出了偏振力线的概念；进而得到天基/地基的陆-海垫面大气偏振图像和清洁/粉尘大气偏振图像，形成大气粒子非接触测量立体层析方法，并通过仿生偏振光导航应用，证明了场力线模型的客观稳定和可用性。

偏振力线模式图是光学偏振从太阳入射“轴”(大气偏振中性区)起始、垂直场轴由弱到强的扩散“力线”图表达方法，从而获得光学粒子与大气粒子相互作用规律。可将大气反演的不确定度由 5%～30%降低到 3%以内。

图 4.4 表示不同类型全天空偏振分布模式图，分别是地基、天基、清洁型大气、污染型大气条件下的全天空偏振分布模式图。这表明采用偏振手段可以有效反演吸收性气溶胶，即可以一定程度上反演复折射系数。随着大气中气溶胶光学厚度的增加，大气与地表的耦合作用使得地表作用相对减少，即全天空偏振模式主要来自于大气作用。因此可以发现由此产生的耦合作用相对较稳定，并以此刻画大气粒子效应，突破空气质量监测地面布点、接触测量、

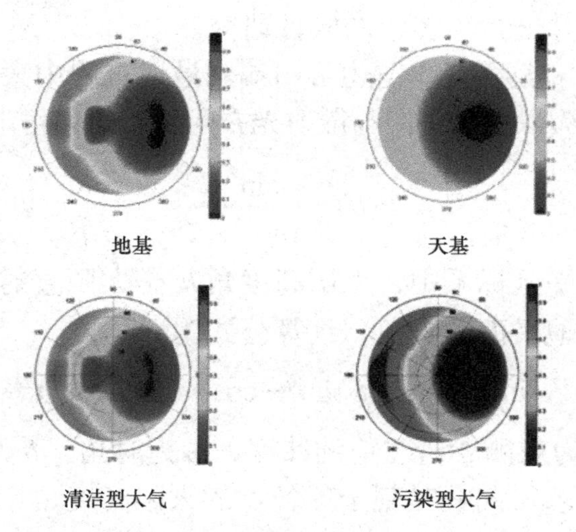


图 4.4　不同类型全天空偏振分布模式图及立体层析

难以溯源的困扰，实现大气污染源、汇、演变的立体层析及反演(图 4.5)。

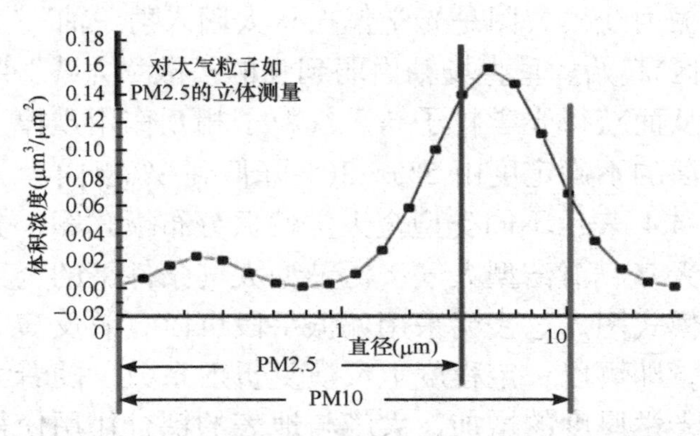


图 4.5　大气污染 PM2.5～PM10 的偏振非接触测量反演

### 4.2.3　场轴：力线组合的天空偏振矢量场规律

上述场轴、场力线组合，中国学者提出天空偏振矢量场的假设并进行了多年的实证研究。

天空偏振场具体描述可用瑞利散射过程中大气偏振度的散射角$\theta$(入射光方向与散射光方向之间的夹角)快速模拟：

$$P(\theta)=\frac{\sin^2\theta}{1+\cos^2\theta} \tag{4.2}$$

在地平坐标系中，太阳高度角$h_s$是太阳直射光与其观察点所在地平面的夹角，计算公式为：

$$\sin h_s = \sin\phi\sin\delta+\cos\phi\cos\delta\cos\omega \tag{4.3}$$

其中，$\phi$为观测者所在地的纬度，$\omega$为时角，$\delta$为赤纬角。

故可求得同一时刻全球各点的太阳高度角，从而求得偏振度：

$$P(\theta)=\frac{\sin^2\theta}{1+\cos^2\theta}=\frac{\sin^2 a_s}{1+\cos^2 a_s}=\frac{\cos^2 h_s}{1+\sin^2 h_s}=\frac{1-\sin^2 h_s}{1+\sin^2 h_s} \tag{4.4}$$

虽然影响天空偏振光分布模式的因素很多，但在某天的某一时刻、某一位置，天空中具有相对稳定的偏振分布。基于卫星垂直向下观测，对全球不同观测点实测大气偏振度分布进行合成仿真，得到图 4.6 的全球偏振场日周期变化规律。从 UT=0 至 UT=22 时，太阳从东往西运动，太阳直射的地方偏振度最小；而在晨昏线处，太阳高度角最小，天空偏振度最大。

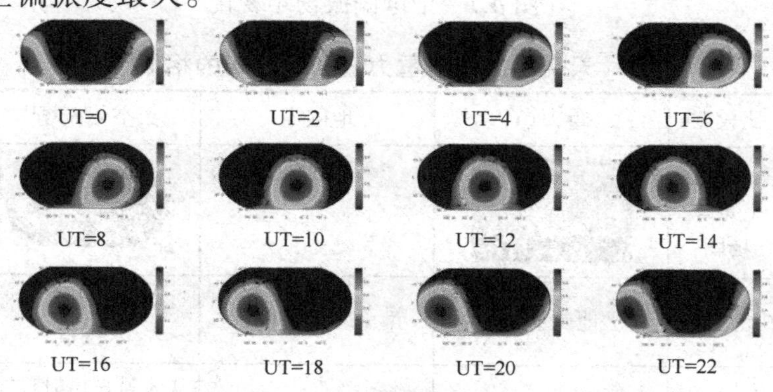


图 4.6　全球偏振场日变化

类似地，图 4.7 表示全球偏振场偏振度的年变化，以每个月第一天世界标准时间 UT=12 为准。可以看到，偏振度最小的中心点即太阳直射点在南北回归线之间以年为周期移动。

表 4.3 将天空偏振矢量场与万有引力作用为主而形成的重力场和地球自转为主而形成的地磁场“类比”，初步证明了偏振场特性的科学性、客观性和有效性。

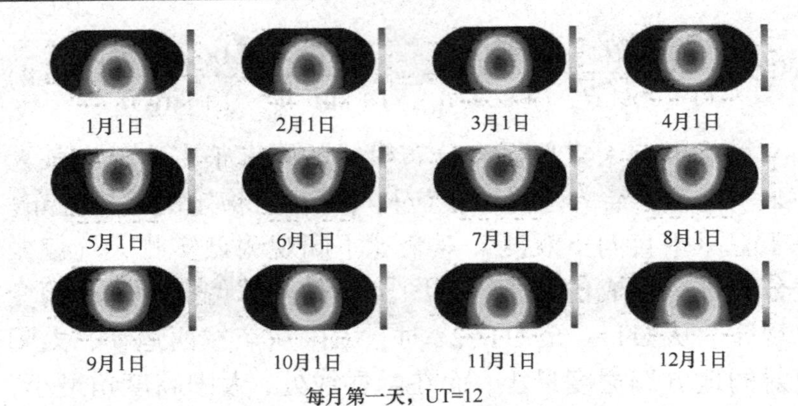


图 4.7　全球偏振场年变化

**表 4.3　天空偏振场与重力场和地磁场的相似性比较**

| 比较点 | 重力场 | 地磁场 | 天空偏振场[116] |
| --- | --- | --- | --- |
| 实测数据下全球场图 | | | |
| 中心轴点 | 地球重心 | 南、北极磁极点 | 日周期的大气偏振中性点 |
| 矢量力线 | 地球高程矢量图 | 接近地球纬度网图 | 从入射光辐射状三维扩散 |
| 稳定性 | 很稳定 | 稳定，随南北极点变化<br>受“太阳黑子”等因素影响 | 稳定，以太阳为中心<br>随太阳高度规律性变化 |
| 强弱性 | 相对弱<br>重力梯度 | 相对强南北两极向赤道由强变弱 | 太阳热点方向偏振度弱<br>离热点±90°天顶角范围内偏振度最强 |
| 敏感性 | 不敏感 | 易受金属物影响 | 易受大气影响 |
| 观测方位 | 自上而下 | 自上而下 | 自下而上 |

续表

| 比较点 | 重力场 | 地磁场 | 天空偏振场[116] |
| --- | --- | --- | --- |
| 可用性 | 大地网，水准网，地形分析，飞行器轨道修正 | 矿藏探测震前预报，为生物提供方位信息，地球免遭外来带电粒子伤害 | 生物导航，大气气溶胶反演，遥感地气参量分离，磁暴等天象灾害观测 |

由表 4.3 可知，天空偏振场和地球重力场、地磁场一样拥有全球域闭合矢量场的特点，存在很多相似性；其本身作为太阳能量入射地球的客观表征，具有广泛应用前景；三场结合，有望成为万有引力、地球自转与太阳能量相互作用于地球的完美表征和规律基础。

由此，实现了遥感观测第二个入射源-太阳激励源的三维矢量电磁波的精确规律刻画和完整表征；为解决遥感电磁波与遥感对象地物相互作用的物理化学性状定量化精细刻画，以及遥感过程的遥感对象、遥感手段、遥感处理三个环节辐射能量贯通奠定了源头基础。

## 4.3　遥感对象-地表信息传递贯通控制技术

遥感过程控制的第一个环节是遥感对象即地物的系统刻画。针对浩瀚繁多的地物，需要给出光源入射地表对象、反射输出给遥感下一个环节即遥感手段的控制论级联模型。就遥感对象各领域定量化模型而言，有时域、空域模型等各类状态空间方程、微分方程表征；如何贯通频域并给出传递函数表征，成为遥感地表信息传递的控制论重要内涵。为此，以地物资源、环境、生态为大类，构建资源控制模型、环境分类与流图、生态控制流图与金字塔动态模型，以及资源环境生态的物质流—能源流—信息流关联的结构控制图[117]。需要说明的是：在自然资源、环境要素监测中，遥感是重要手段，但遥感也不能解决所有问题。遥感只是信息获取的技术手段，用以填补领域间的技术鸿沟。

另一方面，控制论已经引入到多个领域，但尚未全面引入遥感领域，尚未实现对遥感系统整个观测过程的控制。原因在于，遥感两个输入源和三个环节中，遥感对象的控制模型构建是最基础、最复杂、最困难，但也是最迫切、最必要的，具有地学定量化的变革性意义。

### 4.3.1　以土壤为例的自然资源控制模型结构

遥感对象的第一类监测要素是自然资源，以土壤为例建立自然资源调控控制论模型。图 4.8 为土壤肥力过程控制框图，各环节里的模型已经非常精细，是地学专家所擅长的，但如何将相关因子贯通以实现有效调控，则需要做两件事情：其一建立控制论框图，是关键技术；其二利用控制理论将不同时域方程与复频域的传递函数转换，这是控制论的常规方法，本书不过多介绍。

如图 4.8 所示，农业发展目标作为系统输入，通过圈层调控因子、土壤因子和水等养分调控因子等过程环节的作用，决定了农业生产的情况。可以将得到的农业发展状况(即现状)作为反馈信息，调节土壤层外物质交换和基因及光照等条件，使农业发展状况(现状)向农业发展目标逼近。这里，土壤因子 $S_1$ 可以作为土壤初始肥力；水等养分调控因子 $S_2$ 可以视为有机、无机肥投放量；圈层调控因子

$G_1$ 可视为 PH 值与土壤松软度；土壤内物质交换 $F_1$ 则可以对应为微生物对于土壤肥力的贡献。土壤层外物质交换 $F_2$ 可视为农药施放量。由于基因和光合作用的效率等不可控因素 $F_2$ 对粮食增产的极限起到决定性的限制作用，因而在该系统中表现为负反馈，保证了系统的平衡性，解释了粮食生产中的增产极限。

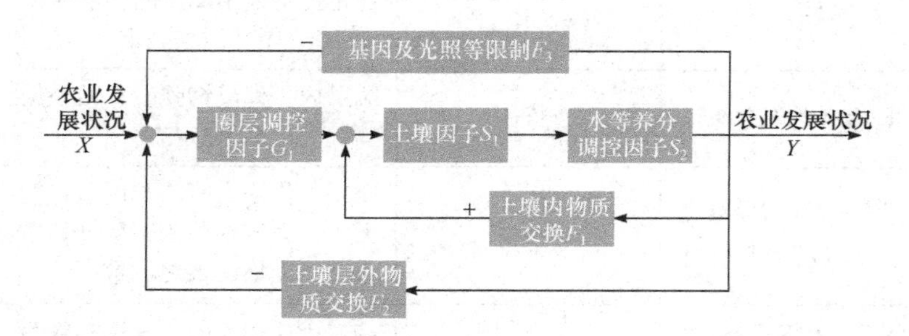


图 4.8　土壤肥力调控框图

对结构图进行化简，得到由农业发展目标 $X$ 到农业发展状况 $Y$ 的传递函数 $P$ 为：

$$P = \frac{G_1S_1S_2}{1 - S_1S_2F_1 + G_1S_1S_2F_2 + G_1S_1S_2F_3} \tag{4.5}$$

其不同条件下各参量与输出的关系如表 4.4 解析所示。

**表 4.4　不同条件下农业发展状况 *Y* 所依存关系**

| 变化条件 | $Y$ 表达式 | 解释 |
|---|---|---|
| 持续、平衡发展 | $\dfrac{S_1S_2PX}{1+(S_1F_2+F_1)S_2P}$ | 两个反馈及调节补偿作用均存在 |
| $(S_1F_2+F_1)S_2P \ll 1$ | $S_1S_2PX$ | 两反馈环节作用过小时系统开环 |

续表

| 变化条件 | $Y$ 表达式 | 解释 |
| --- | --- | --- |
| $S_1F_2S_2P \ll 1$ | $\dfrac{S_1S_2PX}{1+F_1S_2P}$ | 圈层间物质交换过少时，系统闭环稳定性主要由圈层内闭环系统确定 |
| $S_2F_1P \ll 1$ | $\dfrac{S_1S_2PX}{1+S_1S_2F_2P}$ | 圈层内物质交换过少时，系统稳定性主要由圈层间物质交换闭环网络确定 |
| $(S_1F_2+F_1)S_2P \gg 1$ | $\dfrac{S_1X}{S_1F_2+F_1}$ | 圈层内、外反馈强时，系统处于稳定态 |
| $(S_1F_2+F_1)S_2P \gg 1$ 且 $S_1F_2 \gg 1$ | $\dfrac{X}{F_2}$ | 圈层外作用大时，与调节补偿无关，系统函数为圈层外物质交换函数之倒数 |
| $(S_1F_2+F_1)S_2P \gg 1$ 且 $S_1F_2 \ll F_1$ | $\dfrac{X}{F_1}$ | 圈层内作用大时，系统函数与圈层内调节及反馈相关 |

在上表中，当土壤持续、平衡发展的时候得到农业发展状况 $Y$ 的表达式为 $\dfrac{S_1S_2PX}{1+(S_1F_2+F_1)S_2P}$，此时反馈和补偿作用均存在，且土壤处于稳定状态。当 $(S_1F_1+F_1)S_2P \ll 1$ 时，$Y$ 的表达式为 $S_1S_2PX$，反馈环节作用过小，导致系统开环。当 $S_1F_2S_2P \ll 1$ 时，$Y$ 的表达式为 $\dfrac{S_1S_2FX}{1+F_1S_2P}$，此时圈层间物质交换过少时，系统闭环稳定性主要由圈层内闭环系统确定。当 $F_1S_2P \ll 1$ 时，$Y$ 的表达式为 $\dfrac{S_1S_2PX}{1+S_1S_2F_2P}$，此时圈层内物质交换过少时，系统稳定性主要由圈层间物质交换闭环网络确定。当 $(S_1F_1+F_1)S_2P \gg 1$ 时，$Y$ 的表达式为

$\dfrac{S_1X}{S_1F_2+F_1}$，此时圈层内、外反馈强时，系统处于稳定态。当 $(S_1F_1+F_1)S_2P \gg 1$，$S_1F_2 \gg F_1$ 时，$Y$ 的表达式为 $\dfrac{X}{F_2}$，此时圈层外作用大时，与调节补偿无关，系统函数为圈层外物质交换函数的倒数。当 $(S_1F_2+F_1)S_2P \gg 1$，$S_1F_2 \gg F_1$ 时，$Y$ 的表达式为 $\dfrac{S_1X}{F_1}$，此时圈层内作用大时，系统函数与圈层内调节及反馈相关。

### 4.3.2　环境要素调控流图与遥感稳健系统构建

遥感对象的第二类监测要素是环境因子，反映在地球圈层中，具有地学属性。环境治理要素的监测与控制论表达还有非常大的距离，因此首先以环境要素分类和环境建设流图闭环梳理为关键，进而尝试构建与之相关的遥感稳健控制系统。

环境问题的产生有原生与次生之分，具有社会属性；对于与人类活动密切相关的次生环境问题，还具有物理化学生态行为发展特性，其处理分析依赖于自然科学与技术。环境生产要素是人类繁衍和物质生产可持续性的保障。环境要素的无度利用与消耗，越来越危害人类发展和物质生产。因此破解过去历史形成的三要素不平衡的三角关系结构，开展环境建设，是遥感监测和实现调控的必然。自然环境在自然力与人力的共同作用下形成资源生产力。但对于消费废弃物与加工废弃物，自然环境只能在自然力作用下进行污染物及废弃物的自我消纳。人类繁衍、物质生产、环境生产(三种生产)的概念，基点就是将人力与自然力共同作用而使环境具备污染消纳力，提出人类繁衍所需的人口素质因子，并在人类繁衍与物质生产环节之间构建消费再生物环节。在环境建设中加入“可降解废弃物再生能力”，并由人力 C 及自然力共同实现；在物质生产中加入“不可降解废弃物更新能力”；同时去除有关途径，增加新途径，如图 4.9 为有效的控制论模型构建和遥感环境监测控制稳健系统奠定基础。

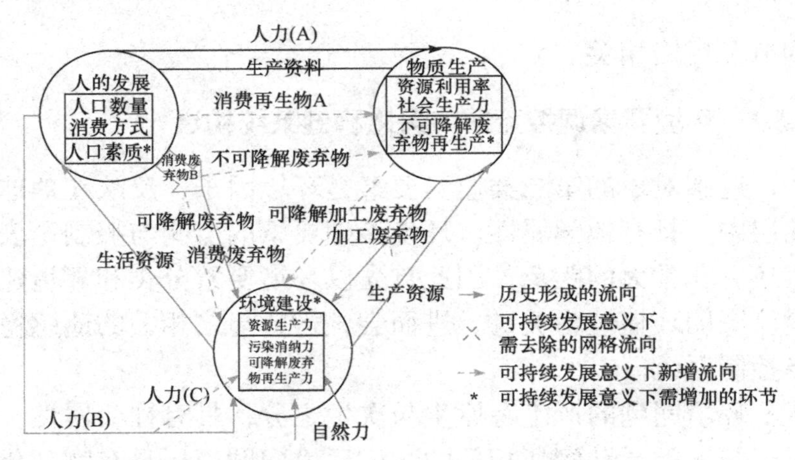


图 4.9　建设三角形及其闭环反馈控制结构

通过分类和分析流向，可以构建遥感稳健系统，即控制论中一种闭环控制在遥感地理信息科学中的特殊应用；作为系统的输出以一定方式返回控制系统的输入端，并对输入端施加控制作用的一种稳健控制关系。在控制论中，闭环通常指输出端通过“旁链”方式反馈到输入端，即闭环控制。输出端反馈到输入端并参与对系统输出端再控制，是闭环控制的目的，且通过反馈使得遥感系统即使在受外界干扰的情况下也能趋于稳定。这些源自控制论的基本原则与概念，是建立遥感系统控制性理论的科学基础，也是对地物资源环境生态进行有效定量调控的基础。

### 4.3.3　生态金字塔与状态空间方程复频域求解

大量的现代工业和空间技术中存在着多变量线性系统，而线性系统的状态空间模型可归结为微分方程组。由此给出自然生态系统中微分方程组的构建与求解方法的过程；并以生物自然系统中已普遍接受的生态金字塔模型为例，给出复频域拉普拉斯变换的问题求解思路。

假设人处于生态金字塔不同级别，人与可享用资源量的数量服从 1∶10 的关系，由此确立相应数学模型成立的前提下分析并解决：

- 由已知的生物分布量求合理的人口数量。
- 由已知生物分布量预测人口数量分布的动态过程。

在本节中拟考虑并解决以下问题：

- 由已知人口总量进行人口与生物种群数量比例研究。
- 由已知人口总量预测人口与动物种群数量比例分配的动态过程。
- 人口总量变化下预测人口与生物种群数量比例分配的动态过程及微分方程组的构建。

1) 由已知人口总量进行人口与生物种群数量比例研究

事实上，人口数量是可以知道的，取为 $x_0$。那么利用图 4.10 及数学模型，可以得到生态金字塔不同级别人口数量比例分配及相应级别人口与生物数量。这就是在现有人口总数 $x_0$ 下，根据人类发展需求确定提取比（与不同生物数量比相对应），并根据下式得到 $x_i(i=1,2,3,4)$，确定生态金字塔种群数 $x_5, x_6, x_7, x_8$ 作为生态平衡与物种培育的指标。

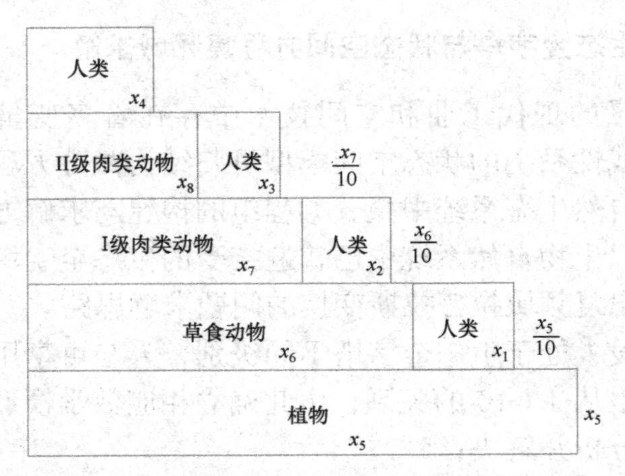


图 4.10　已知人口总数求生物量金字塔结构

设人口总数已知为 $x_0$，则求解图中的四个级别分布量 $x_i(i=1,2,3,4)$，及植物、草食动物、I 类肉食动物、II 类肉食动物保护培育数 $x_5, x_6, x_7, x_8$，得到方程(4.6)：

$$\begin{cases} x_1+x_2+x_3+x_4=x_0 \\ x_2k_1=x_1 \\ x_3k_2=x_2 \\ x_4k_3=x_3 \\ 10(x_1+x_6)=x_5 \\ 10(x_2+x_7)=x_6 \\ 10(x_3+x_8)=x_7 \\ 10x_4=x_8 \end{cases} \tag{4.6}$$

其中，$k_1, k_2, k_3$ 为人口选择因子，取决于人类所属的不同种类生物量摄取比，同时还取决于有关生物级大概现存量 $a_0$, $a_1, a_2, a_3$，因为尽管 $x_5, x_6, x_7, x_8$ 是需要求取的，但在面对实际生态系统时，它们的值不能偏离大概现有量 $a_i(i = 0, 1, 2, 3)$太多，否则难以实施。或者说，$k_1, k_2, k_3$ 的选取，需要以 $a_i(i = 1, 2, 3)$及人类所需生物量摄取比 $S_1$, $S_2$, $S_3$, $S_4$ 的协调为依据。

显然，一组不同的 $k_1, k_2, k_3$ 值可获得不同的 $X_2(x_1, x_2, \cdots, x_8)$解。这些解经过比较，选取人类和生态系统较易接受的解值，就可作为现行人口及有关条件下，动物种群数量规模培育发展的目标体系；该目标体系的最终确定需考虑 $X_2$ 解中的 4 个量 $x_5, x_6, x_7, x_8$，需与估计现有的 $a_0, a_1, a_2, a_3$ 相比较，使之差别在人类努力下可以消除。由此，实现了已知人口数量条件下，人类饮食结构与生物种群培育数目的深化研究与规划。

2) 由已知人口总量预测人口与动物种群数量比例分配的动态过程

当确定了由已知人口总量，获得生物种群数量及其与相应等级人口比例的方法时，其目标的获得是基于现有人口数量分布和动物种群数量分布条件下动态完成的。预测这个动态过程需要考虑动态变化因子。

$$\frac{\mathrm{d}x_i}{\mathrm{d}t}(i=1,2,\cdots,8) \tag{4.7}$$

则方程(4.6)变为：

$$
\begin{cases}
\sum_{i=1}^{4}(x_i - T_i\dot{x}_i) = x_0 \\
k_1(x_2 - T_2\dot{x}_2) = (x_1 - T_1\dot{x}_1) \\
k_2(x_3 - T_3\dot{x}_3) = (x_2 - T_2\dot{x}_2) \\
k_3(x_4 - T_4\dot{x}_4) = (x_3 - T_3\dot{x}_3) \\
10(x_1 + x_6 - T_1\dot{x}_1 - T_6\dot{x}_6) = x_5 - T_5\dot{x}_5 \\
10(x_2 + x_7 - T_2\dot{x}_2 - T_7\dot{x}_7) = x_6 - T_6\dot{x}_6 \\
10(x_3 + x_8 - T_3\dot{x}_3 - T_8\dot{x}_8) = x_7 - T_7\dot{x}_7 \\
10(x_4 - T_4\dot{x}_4) = x_8 - T_8\dot{x}_8 \\
X_{40} = (x_{10}\ \ x_{20}\ \ x_{30}\ \ x_{40}\ \ a_0\ \ a_1\ \ a_2\ \ a_3)^{\mathrm{T}}
\end{cases}
\tag{4.8}
$$

式中，$k_1, k_2, k_3$ 在(4.10)中确定，$T_i > 0(i = 1, 2, \cdots, 8)$为 $x$ 的时间变化常数，反映了 $x$ 变化的快慢；$X_{40}$ 为变量 $x_i(i = 1, 2, \cdots, 8)$的初态向量矩阵，则经过化简，可得一阶状态方程：

$$
\dot{X}_4 = A_4 X_4 - B_4 U_4 \tag{4.9}
$$

其中，$\dot{X}_4 = (\dot{x}_1\dot{x}_2\cdots\dot{x}_3\dot{x}_8)^{\mathrm{T}}$，$X_4 = (x_1x_2\cdots x_3x_8)^{\mathrm{T}}$，$X_4$ 为 $8 \times 1$ 的列向量矩阵，$A_4$ 为 $8 \times 8$ 满秩正定阵，$B_4$ 为 $8 \times 1$ 列向量矩阵，$U_4$ 为单位输入负向量，取负值是为了状态方程表达式规范化。

3) 人口总量变化下预测人口与生物种群数量比例分配的动态过程

实现了已知人口总量来预测人口与种群数量比例分配的动态过程。实际上人口总量也是在变化的。因此，在八个动态方程基础上，还需加入人口总量变量 $x_0$ 和一个新的约束方程，即人口总量与种群生物总量的数量变化关系，因此即有状态方程：

$$
\begin{cases}
X_{50}=(x_{00}\ \ x_{10}\ \ x_{20}\ \ x_{30}\ \ x_{40}\ \ a_0\ \ a_1\ \ a_2\ \ a_3)^{\mathrm{T}} \\
\sum_{i=1}^{4}(x_i-T_i\dot{x}_i)=x_0-T_0\dot{x}_0 \\
\sum_{i=5}^{8}k_i\dot{x}_i=\dot{x}_0 \\
k_i(x_{i+1}-T_{i+1}\dot{x}_{i+1})=(x_i-T_i\dot{x}_i)\quad (i=1,2,3) \\
10(x_i+x_{i+5}-T_i\dot{x}_i-T_{i+5}\dot{x}_{i+5})=x_{i+4}-T_{i+4}\dot{x}_{i+4} \\
10(x_4-T_4\dot{x}_4)=x_8-T_8\dot{x}_8
\end{cases}
\tag{4.10}
$$

式中，$k_1, k_2, k_3$ 在求解时已确定，$k_5, k_6, k_7, k_8$ 为变量 $x_5, x_6, x_7, x_8$ 和与 $x_0$ 的等效生物量系数，需根据实际情况加以确定，均大于 0；$T_i>0(i=0, 1, 8)$为 $x_i$ 的变化时间常数，反映了 $x_i$ 变化的快慢；$X_{50}$ 为变量 $x_i(i=0,1,8)$的初态向量矩阵，则经过简化，可得九维一阶状态空间方程：

$$\dot{X}_5=A_5X_5+B_5U_5 \tag{4.11}$$

其中，$\dot{X}_5=(\dot{x}_0\dot{x}_1\cdots\dot{x}_8)^{\mathrm{T}}, X_5=(x_0x_1\cdots x_8)^{\mathrm{T}}$。$\dot{X}_5$，$X_5$ 为 $9\times 1$ 向量矩阵；$A_5$ 为 $9\times 9$ 满秩正定阵；$B_5$ 为 $9\times 1$ 列向量矩阵；$U_5$ 为单位输入负向量表达。据此完成了人口总量变化下，预测生物种群数规范化量比例分配动态实现过程。

至此，已将人类在生态系统中的能动校正控制机理阐述完毕，它们之间的关系也通过文献[116]加以细化。最后给出能动校正控制五部分之间的状态预测方程关系图(图 4.11)。

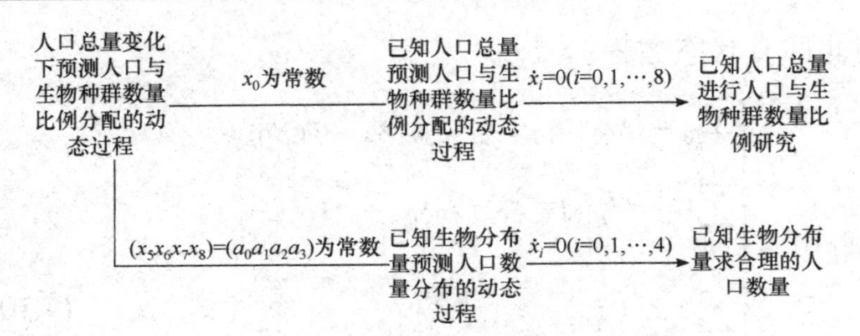


图 4.11　能动校正控制状态预测方程关系图

## 4.4　遥感手段 1：光机电模型贯通控制技术

精度是高分辨率遥感的关键要素。影响精度的因素包括成像系统误差和数据处理误差。其中成像系统误差是由仪器的某种物理、机械、技术的原因造成的。

航天成像系统的设计构建多采用精密光学与机械系统方法，加之热控方法的辅助，成像系统的精度可达到±0.1mm，角度精度可达到±10 角秒。且运行中基本不存在相对变化。

与之不同的是，航空遥感系统常常采用多镜头(多刚体)的外拼接结构，这类结构因为设计工艺简单，获得广泛应用。但是，在外场大型实验前，常常需要利用高精度的地面定标场进行外场定标，系统精度在 mm 量级。且在飞行作业过程中，航空摄影平台运行环境非常复杂，又缺少温控装置，温度、气流、风速等因素会引起多镜头非线性变形，在实飞中难以达到原有定标精度；同时，经过多次飞行，原来定标的多刚体仪器精密机械构成也无法恢复原有的手工装调定标水平。航空遥感中往往用到多相机进行拼接，不同相机的材质也不同，在恶劣的拍摄条件下振动的程度、收缩膨胀的幅度也不同，直接导致拼接精度瓶颈。

为解决上述问题，需要对纷繁复杂的航空遥感平台系统进行技术分类和规范，贯通传感器、仪器平台物理模型为一体，实现对误差的精密控制传递，并与航天平台精密仪器系统物理结构模型相呼应，移植其方法[3, 118, 119]。

### 4.4.1　航空载荷通用物理模型与对偶技术特征

要建立自动化、标准化的航空摄影测量系统，必须要先分类，再建立物理光机电模型，同时要尽量逼近航天遥感模型，利用已经成熟的航天遥感模型来服务航摄通用模型的建立。

国内外数字航摄相机的四类技术特征为：外拼接-内拼接，非严格-严格中心投影，一次-二次成像，单基线-多基线。由于 CCD 芯片尺寸有限，且多刚体外拼接结构存在相机受机械振动和温度变化影响大、快门曝光时间不同步等问题，给成像带来影响。另外，虽然长焦距设计有利于分辨率提高，但同时造成平台结构尺寸变大，给平台组装与运行带来一系列影响。

由此给出通用物理模型如图 4.12，包括：大孔径光学镜头 $L_1$、承影器件 $I_1$、数字拼接相机($C_1$、$C_2 \cdots C_n$，$n$ 为参与成像的镜头数量)以及数字相机承影面 $I_2$。根据物像中心投影关系，将 $I_1$ 置于 $L_1$ 的成像面处并与主光轴垂直。当物理模型中只包含 $L_1$ 和 $I_1$，模型对应单镜头一次成像航摄仪；当只包含 $I_2$ 和($C_1$、$C_2 \cdots C_n$)，对应航摄外拼接相机和

CCD 内拼接相机。当同时包含 $L_1$、$C_1$、$L_2$、$C_2$ 时和 $I_2$，对应二次成像数字航摄相机。如图 4.13 所示，破解了多相机手工拼接硬件不足，实现单刚体、单光学系统的多次成像。

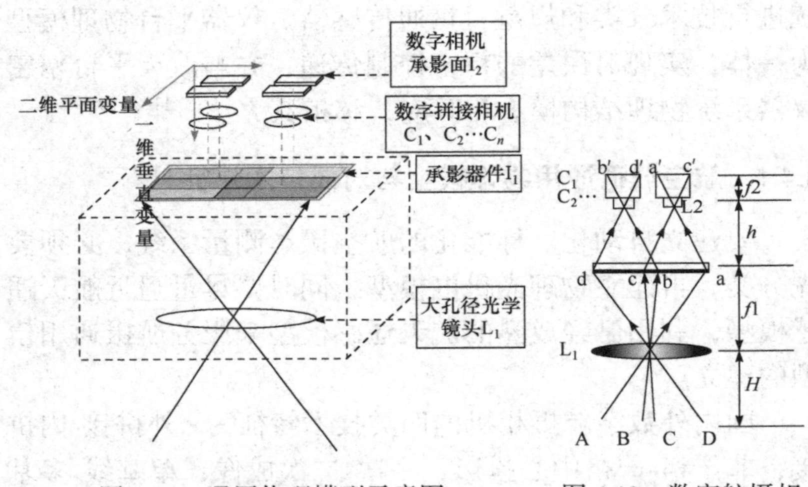


图 4.12　通用物理模型示意图　　图 4.13　数字航摄相机通用光路图

### 4.4.2　仪器平台可变基高比精度模型与有效性

基高比是航空遥感相机精度的重要指标，定义为基线(两幅相邻影像中心距离)与高程之比。航空摄影测量通用模型需要通过可变基高比精度模型来进一步提升精度。与空间时间四维动态矢量相关的可变基高比模型如公式(4.12)所示。详细内容可参考《高分辨率定量遥感的数学物理基础》[95]。

根据基高比 $R$ 的定义可以得出：

$$R=\frac{B}{H}=\frac{(1-q_x)\times L_x}{f_1}=\frac{(1-q_x)\times m_1\times\delta_1}{f_1} \tag{4.12}$$

式中，$B$ 是基线长度；$H$ 是相对航高；$q_x$ 是航向重叠度；$L_x$ 为承影器件航线方向长度；$f_1$ 是大孔径光学镜头焦距；$m_1$ 是一次承影器件航线方向的像元数；$\delta_1$ 是一次承影器件上探测单元的尺寸。

如果有二次成像镜头，$L_x$ 可以表示为：

$$L_x = \frac{l_x \times h}{f_2} \tag{4.13}$$

式中，$l_x$ 是二次成像系统传感器面阵在航线方向上的长度，该长度由二次承影面 CCD 的探测单元尺寸 $\delta_2$、CCD 像元数 $m_2$ 和 CCD 拼接方式决定。$h$ 是二次成像镜头距一次承影器件的物距；$f_2$ 是二次成像镜头焦距。

由此推出可变基高比的空间函数表达 $R'$：

$$R' = \frac{(1-q_x) \times l_x \times h}{f_1 \times f_2} \tag{4.14}$$

由此可知，可变基高比的空间变量包含：CCD 物理尺寸 $l_x$、大孔径光学镜头焦距 $f_1$、数字相机镜头焦距 $f_2$、单幅影像与拼接影像的尺寸比例 $q_x$。

对于一次成像系统，$h/f_2$ 可以视为 1，$l_x = L_x$ 则，转化为经典基高比公式。

可变基高比的时间变量公式可以表达为：

$$R' = \frac{B'}{H} = \frac{v \cdot T}{H} = \frac{v \cdot N \cdot t}{H} \tag{4.15}$$

其中，飞行速度 $v$；交会影像的拍摄时间间隔 $T$，它等于交会影像数 $N$ 与相邻摄站时间间隔 $t$ 的乘积。对于单基线摄影测量，$N=1$，对于多基线摄影测量，$N>1$。

对于外视场拼接相机，航线方向尺寸为 $l_x$，且焦距 $f_1 = h = 1$，则

$$R' = \frac{B'}{H} = \frac{(1-q_x)\times l_x}{f_2} \tag{4.16}$$

进一步地，得到像平面摄影测量精度 $M_{XY}$：

$$M_{XY} = \mathrm{GSD}\cdot k \tag{4.17}$$

式中，$k$ 为精度常数；GSD 为影像的空间分辨率，由参量 $H$、$f$、CCD 尺寸 $\delta$ 共同决定。

当航摄相机垂直地面摄影时，有地面空间分辨率 $\mathrm{GSD}_{\perp}$ 和高程定位精度 $M_Z$：

$$\mathrm{GSD}_{\perp} = \frac{H}{f_1}\delta_1 = \frac{H}{f_1}\times\frac{h}{f_2}\delta_2 \tag{4.18}$$

且：

$$M_Z = \frac{\mathrm{GSD}\cdot k\cdot H}{v\cdot t} \tag{4.19}$$

基高比 $R$ 与高程精度 $M_Z$ 的关系可以表达为：

$$M_Z = M_{XY} / R \tag{4.20}$$

式中，$M_{XY}$ 为立体定位平面精度。将可变基高比模型光机结构表征式代入得：

$$M_Z = \frac{k\times \mathrm{GSD}\times f_1\times f_2}{(1-q_x)\times l_x\times h} \tag{4.21}$$

$$M_{Z\perp} = \frac{k\times H\times \delta_2}{(1-q_x)\times l_x} \tag{4.22}$$

由此，为了提升高程精度，应考虑减小 CCD 探元物理

尺寸 $\delta_2$；增加 CCD 在航线方向上的探元数目，从而增大影像航向幅面 $l_x$。

由此建立了基于可变基高比的航空遥感系统精度基准。

### 4.4.3 航空单刚体折反同光路与航天手段贯通

为了在传感器制造过程中同时满足高分辨率和小体积的需求，需要设计单刚体 $n$ 次折反同光路系统，通过折反模式拉长焦距，在减小体积的同时仍能保障精度。该系统具有等效焦距较大、无色差、轻量化等优点，多为星载遥感系统采用。

图 4.14 原理图中含有主镜、次镜和校正透镜组。其中，主镜和次镜是非球面镜，在成像面前安置校正器，用于校正轴外像差。图 4.15 为对应研制的某空间相机的光学结构图。

对于 $n$ 次折反同光路系统，系统由 $n$ 个镜头组成，其系统整体焦距 $f$ 可由下列公式表达

$$f = \frac{f_1 \times f_2 \times f_3 \times \cdots \times f_n}{\Delta} \tag{4.23}$$

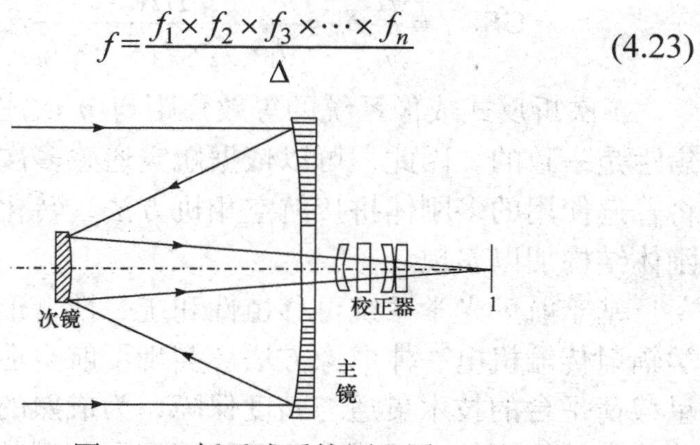


图 4.14 折反式系统原理图

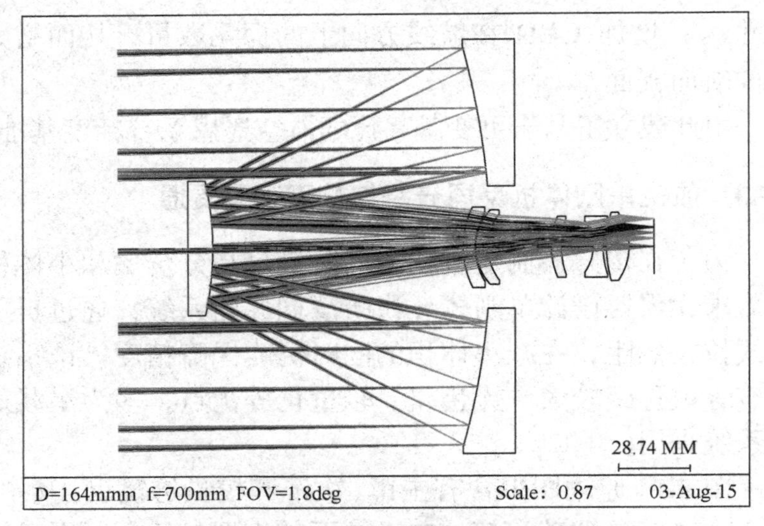


图 4.15　折反式一次成像空间相机光学结构图

式中，$f_1$、$f_2$、$f_3 \cdots f_n$代表 $n$ 次折反系统中每个镜头的焦距，Δ代表折反系统光学透镜组光学系数。当 $n$ 次折反同光路系统垂直地面成像时，

$$\mathrm{GSD}_{\perp} = \frac{H}{f}\delta_n = \frac{H\Delta}{f_1 \times f_2 \times f_3 \times \cdots \times f_n}\delta_n \tag{4.24}$$

$n$ 次折反式成像系统的等效焦距与 $n$ 次成像系统的总焦距是一致的。因此，可以依据航空遥感多次成像需求，将普遍使用的多刚体拼接航空相机方法，转化为折返式单刚体结构加以实现。

基于航天光学系统可移植性和统一性，形成了精密光学辐射传输机电一体成像方法。实现了航空遥感载荷与卫星载荷平台的技术贯通与精度保障，为成熟的卫星精密载荷技术移植到航空遥感载荷系统奠定了模型基础，也为遥感手段环节光学传输自动化奠定了控制论基础。具体效能对比如表 4.5。

**表 4.5　常规一次成像系统与单刚体 *n* 次折反同光路系统对比**

| 两类系统的主要参数 | 常规一次成像系统 | 单刚体 *n* 次折反同光路系统 |
| --- | --- | --- |
| 中心投影 | 易产生偏差 | 严格中心投影 |
| 分辨率 | 普通分辨率 | 等效焦距较大，分辨率高 |
| 精度 | 多刚体拼接易产生偏差 | 单刚体结构保障精度不变 |
| 能量衰减 | 50% | 降低至 5% |
| 同光轴度 | 10μm | 降低至 0.1μm |
| 体积 | $V$ | 降低至 $1/5V$ |

## 4.5　遥感手段 2：遥感对象误差传递控制

本部分聚焦于高分辨率遥感定量化瓶颈问题的破解，建立系统的定标理论与方法，包括真实地表观测的定标基尺，空间-光谱-辐射分辨率贯通定标模型理论及其度量校正的交叉验证手段，以中红外耀斑区反射率为基准的卫星传感器在轨定标基尺。

### 4.5.1　真实地表观测的定标基尺

随着集成传感器技术和系统的发展，高分辨率卫星遥感无地面控制几何定位精度达到了 3～5m；外场定标可以检验成像系统的真实工作状况[120]。通过定标，发现了辐射、光谱、空间分辨率之间的关联关系。三者相互耦合，共同决定了仪器在辐射分辨率、光谱分辨率和空间分辨率的性能。研制的机载高光谱仪在 5nm 分辨率条件下，实现 0.3nm 定标的定标精度，外场定标精度高于分辨率一个量级。2008 年国内建设无人机遥感载荷的综合验证场，早于国际上 2014 年的无人机综合定标场。无人机载荷综合验证场地设计构架如图 4.16 所示。

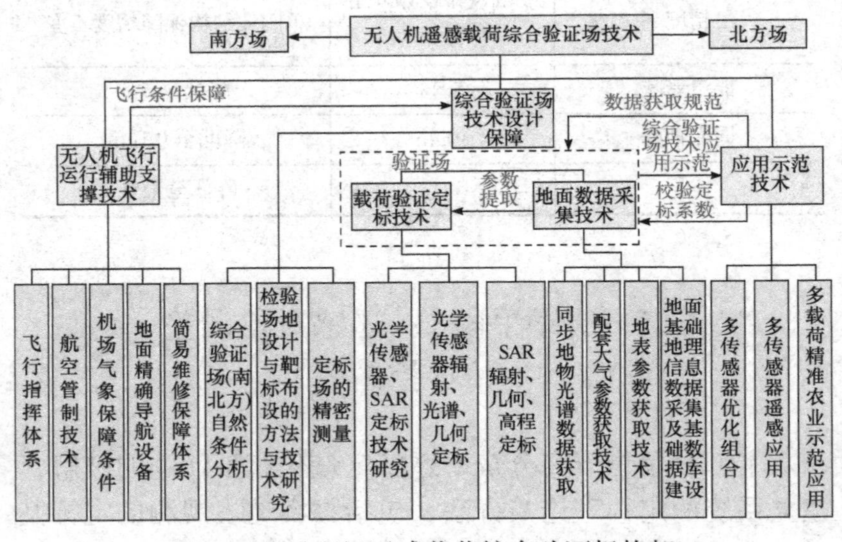


图 4.16　无人机遥感载荷综合验证场构架

除了各类铺设固定靶标以外，室外定标还发明了移动靶标车，如图 4.17 所示。利用其与无人机相对矢量运动，定义并确定了航空遥感时间分辨率基准，并成为软体、固定靶标基准的更高精度的校正基准，即靶标的靶标，监测常规靶标的辐亮度、光谱退化和几何变形，形成了定标精度的验证基尺。

图 4.17　遥感靶标基准与时间分辨率基准的车载靶标

### 4.5.2　空间-光谱-辐射分辨率的贯通定标基准

几何(空间)、光谱、辐射定标是仪器定量化的基础和前提条件。国际上著名的星载、机载遥感成像仪器均需经过严格的光谱、辐射、几何定标，确保数据的真实性和高精度。

与室内定标相比，外场定标存在特殊的复杂性与不确定性，其不确定度是室内定标的数倍，甚至高一个数量级。根本原因概括为以下 4 个方面：

(1) “光谱漂移、辐射失真、几何变形”三种作用耦合导致定标不确定性增大的问题；

(2) 室内定标环境与真实飞行环境差异带来的病态初值问题；

(3) 经典的外场绝对辐射定标模型——经验线性法的误差问题；

(4) 国产遥感成像仪器性能衰退较快的问题。

综上所述，在遥感成像仪器的光谱、辐射、几何三种定标等单项定标理论逐渐完善的背景下，综合验证场的建设、仪器的综合性能验证逐渐成为新的关键技术。

由此，实现遥感验证场定标，包括遥感成像的光谱定标、辐射定标、几何定标。目前的定标方法通常是分别开展上述工作，较少考虑相互关联和影响。图 4.18(a)给出了各类定标相互关联公式，为形成“光谱-辐射-几何联合定标关联模型”奠定了基础。进一步，地球观测定量化需要基准，现有的辐亮度基准实质是人工光源，因为能量等级分不开而影响了几何分辨率指标实现，而光谱度量是将总能量分解到不同光谱层，每层光谱是一个空间强度图像，辐亮度基准的缺失直接影响光谱分辨率指标实现(图 4.18(b))。目前为止，国际上没有满足要求的人工辐亮度基准，这是我国

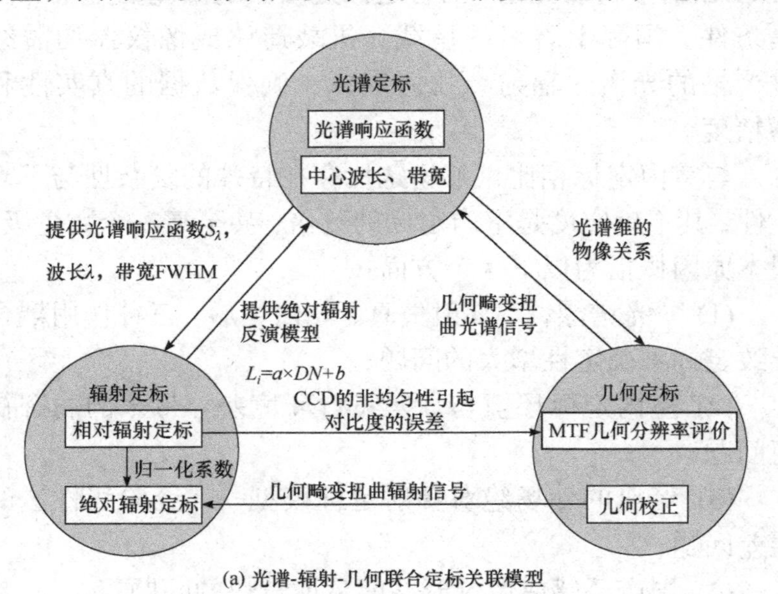


(a) 光谱-辐射-几何联合定标关联模型

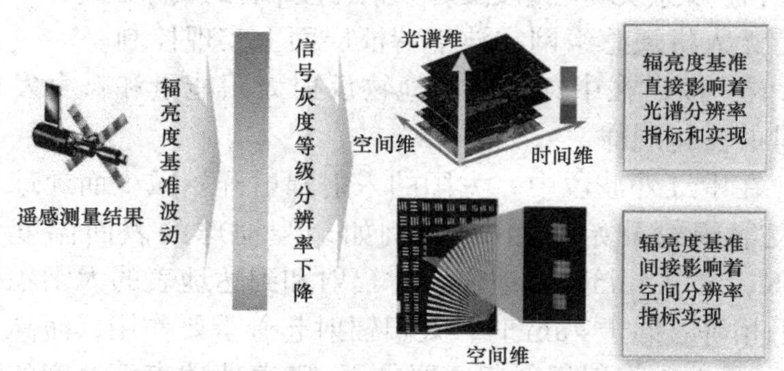


(b) 光学辐亮度基准与光谱、几何分辨率分解关系

图 4.18 光谱定标、辐射定标、几何定标的相互关联及影响

正在通过偏振观测月球辐亮度基准而开展的 20 年观测计划国际合作工作，目前已经取得较好进展。

### 4.5.3 中红外光学反射-发射宽谱段交汇基准

在常规遥感多波段成熟探测方法基础上，将遥感探测波段范围拓展到中波，得出全波段反射-发射探测分离规律，并实现太阳电磁波反射-发射全波段的波谱观测控制方法。地物在可见光-近红外波段表现出反射率特性，在近红外-热红外波段表现出发射率特性，而中红外波段(Mid-infrared，MIR 3～5 μm)探测地物则表现出反射和发射特性的关联。研究包括：

(1) 定量探究地表在中红外波段的发射能量和地表反射太阳能量之间的耦合特性。

(2) 能量分离建模的中红外波段辐射特性基础。

(3) 对能量分离模型[121-123]的误差源进行敏感性分析，评估该分离模型的稳健性与适用性。

(4) 探索实现宽谱段反射-发射特性结合的成像方式[124, 125]，使得无人机遥感组网在波谱特征层面上实现控制。

(5) 探讨在中红外波段地物反射太阳能量和自身发射能量的变化规律。

在中红外波段中，太阳的入射辐射开始减少而地球自身发射辐射开始增加[126]。例如，当地球的表面温度为330K，约为4μm时，地表发射辐射和到达地表的太阳辐射几乎相等。低于4μm时，太阳辐射起着重要作用；而高于4μm，是地表发射辐射起主要作用。随着地球表面温度的降低，4μm分离线向更长的波长处移动[127]，例如，当表面温度为260K时，分离线为54μm。

利用中红外波段进行地物观测，关键步骤是地表发射辐射和反射太阳辐射的分离[128]。通过中红外波段在大气中的辐射传输过程推导出中红外波段的能量分离模型，进而实现中红外波段反射能量与发射能量的分离。

## 4.6　遥感处理1：动态极坐标矢量体系构建

实时性是遥感飞机机上处理和卫星在轨处理的最高实现目标。影像实时处理，需要数学物理本质特征的认识，减少变换，提高效率和精度。目前普遍采用的直角坐标体系，针对航天稳定平台遥感数据下传后的静态处理效果良好，但尚未建立系统的星上实时处理的适用方法。面对运动丰富的航空平台，实时处理还面临动态性挑战。因此，创建新的实时动态处理的坐标基准成为必然[129]。

### 4.6.1　遥感锥体构像本质与四个经纬弧角特征

遥感处理环节的信息传递过程可分解为信息的获取、处理、组织管理、存储显示、分发应用的各环节[130](图 4.19)。从物理数学源头看，直角坐标体系面临如下挑战：

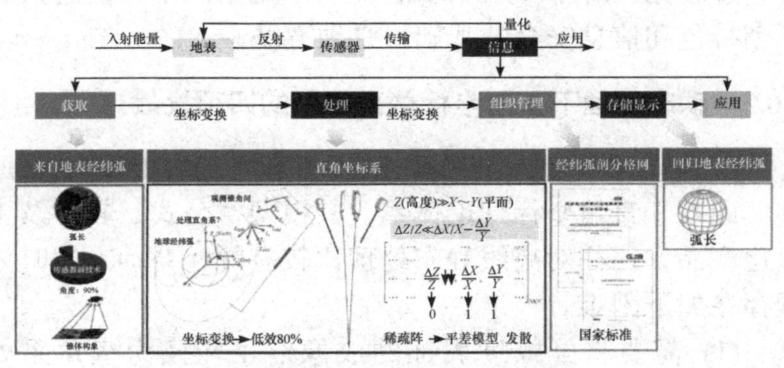


图 4.19　遥感影像实时处理面临的坐标基准挑战

(1) 遥感数据来自地球经纬网，最后存储再现于以经纬网表征的计算机数字地球上。经纬度以弧长表示(矢径，夹角)，但当前所有空间信息的处理方法、理论、公式、软件、工业都是直角坐标体系，其本质是把球体弧长微增量以三维直角直线近似，直角坐标系产生的原理误差不可能由直角系自己克服。

(2) 遥感获取新技术 90%与角度有关，获取的影像轮廓具有弧长特征。

(3) 承载地面区块影像的地表反射光汇聚到仪器传感器的微小面阵，体现了遥感成像过程本质是三维锥体构像的光路，因此具有空间锥体角和锥体轮廓线特征，极坐标是锥体成像无误差表达的体系。

(4) 我国空间信息组织管理基于经纬弧剖分格网原理，已经成为空间信息组织管理的国家和军用标准，具有强制性：经纬剖分格网成为我国空间数据组织管理存储的“仓库”，不同层级的“货架”以经纬弧轮廓形成不同分辨率遥感影像“面片”，可以无限剖分，是中国空间信息具有原创特色和信息安全的基础，必须遵循。

### 4.6.2 动态处理下直角坐标体系面临的四项挑战

遥感影像处理一直采用 160 多年前近景摄影测量原理，即基于直角坐标理论体系，其模型、公式、软件及工业化产品，往往对离线静态处理比较有效，对动态实时处理存在如下困难。

(1) 需要将经纬度表征的成像信息转换为直角系处理，最终再反变换为经纬弧显示存储，因此不得不经历经纬弧-直角-经纬弧的人为坐标变换过程。根据统计，处理过程中存在 7 次以上坐标变换。80%以上时间消耗在坐标变换上，给动态实时带来巨大困难。

(2) 每次坐标变换带来的计算机截断误差，是累积的，反变换无法抵消。

(3) 以直角坐标处理的影像必须转换为经纬弧剖分格网的影像的面片，方可满足国家空间信息组织管理的强制标准，因此出现了直角线-剖分弧不同分辨率面片的剖分层级不同误差，影响了数据仓库体系的高精度。

(4) 航天垂直观测时，垂直参量 $Z$ 远大于平面参量 $X$、$Y$，

$$X \ll Z \text{，且} Y \ll Z \tag{4.25}$$

高度的无穷大量导致高度相对变化量是平面相对参量

的无穷小量，

$$\frac{\Delta Z}{Z} \ll \frac{\Delta Y}{Y}，且 \frac{\Delta Z}{Z} \ll \frac{\Delta X}{X} \tag{4.26}$$

$Z$ 参量归一化后逼近于 0，$X$、$Y$ 参量归一化后趋近 1，成为稀疏阵的来源，是遥感影像处理过程发散的根源。

### 4.6.3　动态处理极坐标矢量体系创建的四项突破

所以，针对遥感影像处理过程的上述困难，引入动态实时处理的极坐标体系。从而：

(1) 以消除航空航天影像稀疏性原理根除处理发散问题

利用弧度增量 $\Delta\theta$、$\Delta\varphi$ 的角度量纲代替平面增量 $\Delta X$、$\Delta Y$ 的长度量纲，避免同量纲问题，不存在无穷大值和无穷小值问题。

$$\Delta\theta = \frac{\Delta X}{R} \quad \Delta\varphi = \frac{\Delta Y}{R} \quad \Delta r = \Delta Z \tag{4.27}$$

进而从根源上消除了发散问题。

(2) 处理效率-精度-抗干扰性实现性能均衡化并都有数量级提升

极坐标基准下影像处理方法的收敛性与抗干扰性通过开源数据解算验证，如与 G2O、sSBA、ParallaxBA LM 和 ParallaxBA GN 等算法进行收敛性比较，或者通过噪声的误差敏感度进行抗干扰性比较。所得结果如图 4.20 所示。

对于同一高分辨率遥感影像数据，与直角坐标方法相比，极坐标方法的处理效率提高 2～3 个数量级，精度提高 1 个数量级，且对误差的敏感度降低(鲁棒性提高)1 个量级。

上述极坐标系处理过程不依赖地面控制点，为实现无地面控制点的、贯通遥感数据全过程的一体化处理提供了可能。

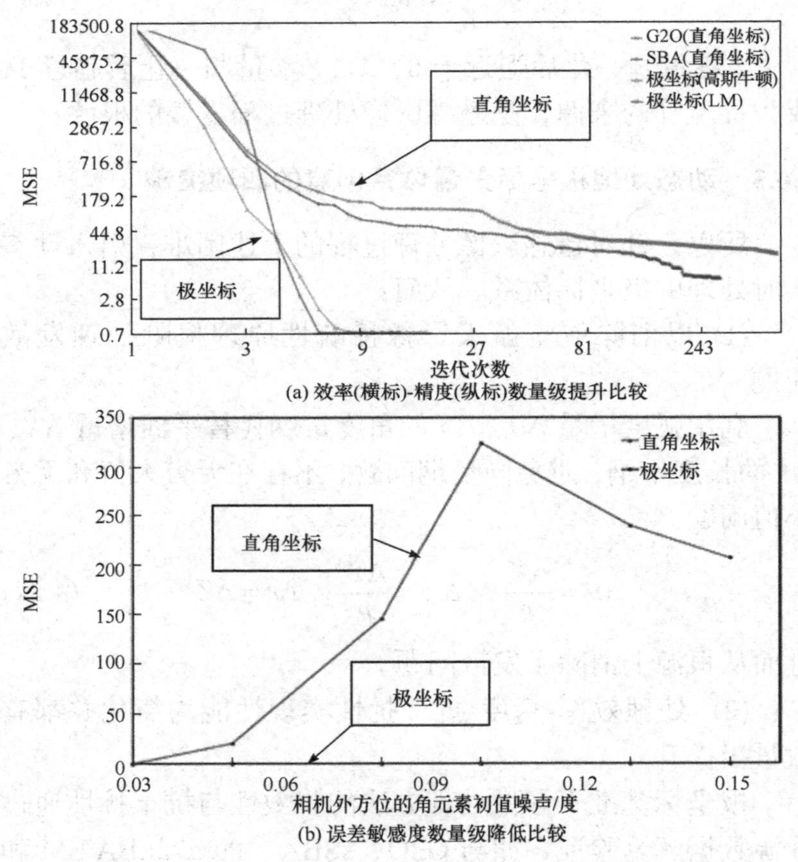

(a) 效率(横标)-精度(纵标)数量级提升比较

(b) 误差敏感度数量级降低比较

图 4.20 不同坐标体系的性能比较

上述成果在保留我国底层软件模型知识产权的基础上于 2011 年起在 OpenSLAM 上部分公开，并公布了 Parallax BA 源代码(http：//openslam.org/ParallaxBA.html)，近 10 年接受国际实用性检验，证明了其可用性。这套软件底层基础模块到上层功能模块全部具有原创性独立知识产权，保障了软件系统的保密性和安全性。

(3) 以原图像矩阵的一阶导数性质实现影像处理快速收敛到解析最优解

在极坐标体系下，高程矢径夹角趋于 0 度时，其一阶导数为定值 1。即原图像矩阵连续且有解，能够收敛。

$$\begin{cases}\dfrac{\partial \omega}{\partial \theta_1^{\Delta}}=-1\\[2ex]\dfrac{\partial \omega}{\partial \theta_2^{\Delta}}=+1\end{cases}\tag{4.28}$$

而同样情况下直角坐标原图像矩阵一阶导数为∞，说明原图像不连续、无解。

因此，就收敛性问题有图 4.21：对直角坐标系，处理影像初值选取不恰当时，迭代只能取到较小值，无法达到最小值，对初值的依赖性大。当逼近 0 度时，其左右极限出现了阶跃，即原图像发散。在极坐标系下，目标函数是

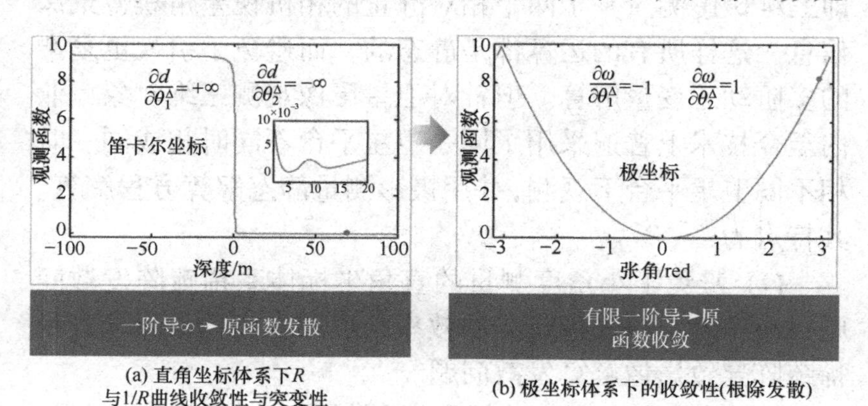


(a) 直角坐标体系下$R$与$1/R$曲线收敛性与突变性　(b) 极坐标体系下的收敛性(根除发散)

图 4.21　不同坐标体系下收敛性图

二次曲线分布，少量迭代就达到收敛。且无论初值精度如何，都能快速收敛到最小值，即使中间存在较小值“障碍”，也可借助函数收敛的“惯性势能”达到最小值，最优解对初值依赖性小，收敛性和收敛速度提高。

(4) 以原图像矩阵的一阶导数性质实现由直角坐标标量体系向极坐标矢量体系的跨越

公式(4.28)中一阶导数符号表示左右极限，代表收敛逼近最小值方向，体现极坐标的方向性即矢量特征，从而使得极坐标成为矢量坐标体系，与矢量遥感体系相一致，尤其对动态实时影像有效，是遥感实时化过程的核心基础。而直角坐标体系是标量体系，数据无方向性，主要对离线后续处理有效。从矢量体系看，标量是矢量的一个特例，而矢量体系是不同方向标量体系的全部表达。

### 4.6.4 源头规避空天平台动态误差的极坐标方法

处理航空航天遥感误差的基础是近景摄影测量理论：即三维摄影测量基于两个相对静止的相机视差角获得景深信息，这样所有的运算都是静态的，而避免了引入更复杂的多阶动态变量解算。但针对卫星影像观测三维对象，业内至今技术上普遍采用了同一卫星平台不同时相或同一时相不同卫星平台下观测，并用摄影测量静态解算方程解算。其特点为：

(1) 避免了小角度测量的直角坐标体系稀疏阵发散问题：小角度卫星影像带来的效率精度和鲁棒性下降尤其是稀疏阵导致影像解算发散问题。

(2) 引发了一个新的根本问题：同一对象用同一卫星

平台不同时刻观测时其速度加速度参数不一样，或同一时刻下不同卫星平台观测地面三维时各平台动态参数不一样，因此除了考虑卫星的位置($X$、$Y$、$Z$)和姿态(俯仰$\alpha$、摇摆$\beta$、滚动$\gamma$)这 6 个静态参数，还得考虑其速度 $V$、加速度$\bigtriangledown$等二阶动态变量和 3 个位置残差$\triangle$，至少需解算 21 阶方程：

$$\begin{aligned} x_M = [&x, y, z, V_x, V_y, V_z, \bigtriangledown_x, \bigtriangledown_y, \bigtriangledown_z, \alpha, \beta, \gamma, \\ &V_\alpha, V_\beta, V_\gamma, \bigtriangledown_\alpha, \bigtriangledown_\beta, \bigtriangledown_\gamma, \triangle_x, \triangle_y, \triangle_z] \end{aligned} \tag{4.29}$$

这种为避免小角度直角坐标处理发散而增加了三倍独立动态变量的影像处理方法，已经不满足近景摄影测量理论下各相机相对静止的前提假设，目前没有解算方程理论的支撑；尤其在 6 自由度静态影像方程求解面临诸多技术限制下，21 阶动态影像方程求解目前在技术上无法实现。

(3) 因此目前航天影像处理只应用静态参量方程时，未考虑动态参量这一重大的新误差源影响。例如，卫星震颤的消除，本质上是扰动力 $F$ 产生的加速度 $a$ 的作用：

$$F = m \times a \tag{4.30}$$

这里 $m$ 是卫星平台质量。加上速度变量 $v$ 的贡献，得到静态参数与一阶导数 $v$ 和二阶导数 $a$ 的合作用：

$$S - S_0 = vt + \frac{1}{2}at^2 \tag{4.31}$$

这里 $S - S_0$ 是成像时间 $t$ 的位移增量。显然，卫星震颤[131]的本质是二阶加速度误差源，业内为此探索了许多抵消震颤误差的间接方法，但如何在理论上根除动态误差源头，才是满足近景摄影测量静态参量假设、实现高精度静态解算的源头基础。

(4) 为了保障高精度，又不引入动态变量增加解算难度和引入新的误差源，就需要同一航天平台上两个相机同步成像，两者相对静止。这又造成视差角过小引发的直角坐标体系精度、效率、收敛性问题。而航天成像的锥体构象本质，是弧长用矢径乘以极角来表示，只有在极坐标体系下，才能根本保证计算精度、效率和收敛性[132]。

(5) 由于极坐标方法克服了影像矩阵的病态稀疏性，因此能够从源头上避免卫星震颤引发的卫星遥感数据处理精度问题。也就是说，极坐标方法避免了小角度收敛性问题，可以在同平台下使用静态参数解算，根本避免了速度、加速度带来的动态误差问题。

由此，基于遥感锥体构像本质的极坐标处理方法，成为去除卫星(及各种无人平台)震颤等多种一阶、二阶随机或系统动态误差的源头手段，成为满足近景摄影测量理论充分必要条件、实现高分辨率卫星影像实时处理的值得深化探究的中国独有的关键技术。

### 4.6.5 极坐标矢量体系下遥感实时处理过程基础

遥感的灾害应急需要小时级甚至分钟级响应，对于遥感数据实时化处理要求较高。例如洪涝灾害需要小时级的监测与响应，国土安全如森林防火等需要分钟级的实时监测。这就对遥感数据处理一体化和实时化提出了更高的要求。在科技部重点研发计划“基于高频次迅捷无人航空器的遥感观测区域组网控制技术”中，组织了生态监测、洪涝灾害监测、国土安全监测等三大类应用试验验证。极坐标矢量体系在小时级、分钟级的遥感处理应用中取得良好效果。

表 4.6 对比了直角坐标和极坐标方法的特点，极坐标应用具有巨大优越性。

**表 4.6　直角坐标、极坐标特点对比**

| 比较要素 | 满足直角坐标约束的规范影像 | 对高重叠影像 | 影像精度-效率-抗干扰性 | 大角度成像 | 变姿态成像 | 航空面阵航天线阵 | 与数据剖分组织管理国军标适配性 | 工业化程度 |
| --- | --- | --- | --- | --- | --- | --- | --- | --- |
| 现有方法直角坐标 | 可处理，简便 | 易产生奇异性，有时发散，不易用 | 可以 | 相对困难，不易用 | 相对困难 | 坐标不同，转换复杂 | 需直角-经纬弧度多次转换 | 成熟 |
| 极坐标 | 可处理，简便 | 极大去除奇异性根源，无发散，简便 | 可数量级提高 | 方便处理，应用简便 | 方便处理 | 可统一坐标，无须转换 | 完全适配，无须转换 | 体系初建，任重道远 |

国家计量研究院对开发的极坐标软件展开测试，其相关结果见表 4.7 和表 4.8。

**表 4.7　极坐标软件比较**

| 比较项 | 极坐标技术 | 国内外现有技术 |
| --- | --- | --- |
| 像点的参数化 | 极坐标(矢经，弧度) | 直角坐标$(x, y)$ |
| 地面特征点的参数化 | 广义极坐标(方位角，天顶角，视差角) | 空间直角坐标$(X, Y, Z)$ |

续表

| 比较项 | 极坐标技术 | 国内外现有技术 |
| --- | --- | --- |
| 特征点提取算法 | 基于极坐标描述符的特征点提取算法 | SIFT 算法 |
| 光束法平差模型 | 极坐标模型 | 直角坐标模型 |
| 空间信息组织和管理 | 剖分格网数据结构 | 基于投影交换的数据结构 |
| 应用模式 | 空间信息取自经纬，回归经纬，卫星一边对地球拍摄，一边将解算的空间信息精准嵌入计算机量现的数字地球中，实现所见即所得 | 将取自经纬的空间信息截断为直线段进行处理，回归经纬时将空间信息投影变换为二维平面 |
| 适用场景 | 当地面特征点距离相机很远或观察特征点的所有相机都与特征点对齐时 | 基线比较宽时 |
| 平均处理时间(效率) | 1.278s(比常规手段快 1～3 个数量级) | 21s |
| 平均重投影误差(精度) | 1 个像素(整体处理精度比常规手段高 1 个数量级) | 2 个像素 |
| 收敛性 | 平面弧长以角度增量表征，与高程矢径不同量纲，根源消除稀疏性，不再发散：目标函数为凸函数，易收敛 | 平面与高程相对增量有多个数量级差异，成为矩阵发散的弱正定稀疏性根源：目标函数为多峰函数，易陷入局部最优 |
| 抗干扰性 | 随机生成初值，对初值不依赖 | 平差精度依赖于初值的选定 |

表 4.8　极坐标软件定量化对比结果

| 数据集 | 国外 PhotoScan 软件 | | | 极坐标软件 | | 处理时间的比值 |
| --- | --- | --- | --- | --- | --- | --- |
| | 处理模式 | 平均重投影误差 | 处理时间 tps/s | 平均重投影误差 | 最大处理时间 tPBAmax | tps/tPBAmax/(s/s) |
| 东营 1 | 低精度 | 3.250 | 42 | 0.697 | 0.454 | 92.5 |
| | 高精度 | 1.461 | 75 | | | 165.2 |
| 东营 2 | 低精度 | 1.727 | 9 | 0.744 | 0.326 | 27.6 |
| | 高精度 | 0.493 | 7 | | | 21.5 |
| 西峰山 1 | 低精度 | 2.303 | 5 | 1.907 | 3.221 | 1.6 |
| | 高精度 | 2.081 | 5 | | | 1.6 |
| 西峰山 2 | 低精度 | 2.634 | 13 | 1.924 | 1.111 | 11.7 |
| | 高精度 | 2.368 | 12 | | | 10.8 |

综上，由直角坐标体系转化为极坐标体系是静态向动态的跨越，标量向矢量的跨越，更反映了遥感成像锥体构像物理本质，唯有极坐标体系是无误差无坐标转换的矢径、角度、弧的表达体系。原理上看，直角坐标体系的标量特性已可以为极坐标矢量特性所包容，直角坐标能做的极坐标可以作为一个特例展示，极坐标能更全面体现遥感成像处理全过程的数学物理原理本质。遥感成像载荷新技术90%与角度有关，遥感成像本质是锥体构像过程，用矢径与张角表示最为简洁；遥感数据存储利用不同大小经纬剖分格网表示不同分辨率影像；极坐标处理体系用经纬弧长、

矢径与角度提高处理精度、效率和收敛性，从而实现地球经纬弧长→极坐标处理→数字地球经纬存储显示的统一表达。详见《极坐标数字摄影测量理论与空间信息坐标体系初探》[130]。

## 4.7　遥感处理 2：数字影像处理过程控制基础

遥感信息利用水平与图像处理技术息息相关。目前遥感图像处理的各项技术及软件已广泛发展，各种商用软件及因不同需要而自行开发的遥感图像处理功能软件种类繁多；相应的书籍也随处可见，它们多偏重让人们学习技术方法和掌握程序本身，而针对遥感图像处理的数学和物理本质方面的解析和探讨却较少，系统化理论与方法的论著就更是凤毛麟角了。这就导致目前遥感数字图像处理过于技术化、程序化，难以揭示遥感信息的本质及其成像物理特征和数学表达的因果逻辑关系，进而束缚了遥感数字图像处理技术源头创新。因此，系统化诠释基本技术方法、提炼数学物理本质，是我国遥感图像处理技术源头提升[133]的关键。

在北京市高等教育精品教材立项项目等支持下，汇聚 400 余位 24 届北京大学遥感硕士博士，经过 20 余年工程与教学实践，逐项专题研究和技术验证，初步建立起高级遥感数字图像处理数学物理教程理论方法体系，包括：①系统与整体处理基础，②像元处理理论与方法，③影像处理技术与实现手段。其基础架构[133]如图 4.22 所示。

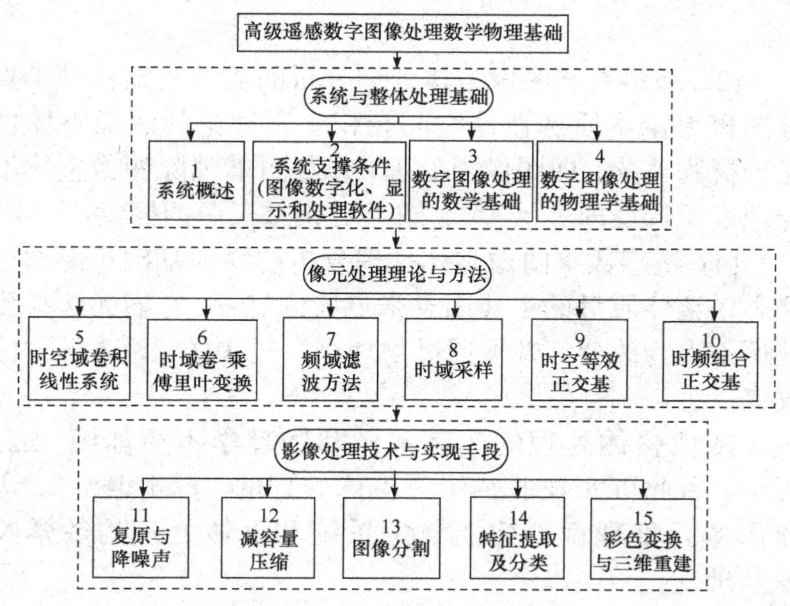


图 4.22　遥感影像系统结构组织

### 4.7.1　遥感影像处理性能整体提升的数物基础

遥感图像处理技术首先需要建立系统与整体处理的数学物理基础。即对遥感图像的整幅处理，提高遥感图像的整体水平，但不改变遥感图像内部的像素间相互关系，这是整体性能的保障和逐点像素处理的前提。具体包括如下。

(1) 遥感数字图像处理的系统设计：包括遥感数字图像处理的整体构架、细节内涵及应用外延，以建立遥感数字图像处理系统的全局架构。

(2) 遥感数字图像处理的系统支撑条件：是遥感数字图像处理整体分析的第一步，即系统支撑条件，包括图像输入的物理基础、输出显示的数学基础和处理软件的技术基础。

(3) 遥感数字图像整体处理分析的数学基础：基于直方图概率论本质和惯性空间卷积本质理论的图像整体性能分析和改善，即图像预处理，以尽可能消除图像整体不合理表象特征即“治标”，缺乏对误差根源的探索。

(4) 遥感数字图像整体处理分析的物理基础：影响遥感影像整体质量的主要因素来自成像过程，它们无法在预处理中人为改变，必须通过物理光学过程的“治本”方法改变。

图像整体处理的数学本质和物理学本质如图 4.23 所示。由此可实现遥感图像整体处理的“标本兼治”，为图像像元处理理论建立奠定系统和整体处理的数学物理基础。

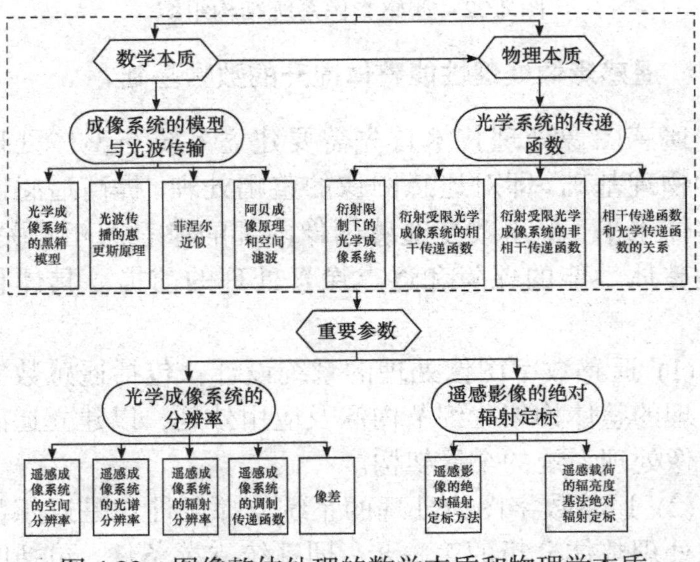


图 4.23　图像整体处理的数学本质和物理学本质

### 4.7.2　遥感影像处理核心：像元处理过程理论

遥感影像处理的核心是像元处理理论与方法，其最大特点是可以对影像的各个离散像元进行处理分析，体现了遥感数字图像像元处理过程的本质内容。包括：①遥感数字图像像元处理理论Ⅰ—时空域卷积线性系统：说明遥感数字图像的线性系统惯性延迟导致的卷积效应客观存在，建立卷积理论。②遥感数字图像像元处理理论Ⅱ—时空域卷积-频率域乘法变换：说明时间域与其倒数频率域的互为对偶、互为卷积-简单乘积变换关系，实现时频转换的傅里叶变换理论。③遥感数字图像像元处理理论Ⅲ—频域滤波：建立频域滤波理论，以实现所需要不同频率尺度信息的提取保留方法。④遥感数字图像像元处理理论Ⅳ—时域采样：将自然世界中连续的空间信息通过采样转化为计算机处理所需的离散信息，建立香农采样定理及相关理论。⑤遥感数字图像像元变换基础Ⅰ—时空等效正交基：建立基函数、基向量、基图像的线性表征理论，说明了傅里叶变换等所有遥感数字图像处理的传输、存储和压缩变换的数学本质。⑥遥感数字图像变换基础Ⅱ—时频组合正交基：通过同一图像局部窗口压缩和展开来提取图像的时频特性，即小波变换，本质是实现了时频域信息的统一。

本质上看，任意图像矩阵可以表达为一种基函数形成的有限个系数不为 0 的基图像的线性组合。由此实现图像矩阵每个像元的变换表达即像元处理理论与方法。这里最重要的是：①任意函数的基图像形成方法；②任意表达函数中最简化函数的选择。它们成为遥感图像像元处理的基准。

1) 基图像的形成

假设基函数为 $f$, 那么通过基函数 $f$ 就可以生成基向量 $f_i$，即

$$f_i=\begin{bmatrix} a_{i1} \\ \vdots \\ a_{iN} \end{bmatrix} \tag{4.32}$$

反过来说，通过任意两组基向量 $f_i$ 的内积(即基向量转置为 $1\times N$ 的行向量与 $N\times 1$ 的基向量进行向量相乘得到一个 $1\times 1$ 的函数或数值)就可以反变换得到基函数 $f$, 如果基向量元素 $a_{i1},\cdots,a_{iN}$ 为具体的数值, 则得到的基函数 $f$ 则是具体的实数取值。如式(4.34)所示，如果基向量元素 $a_{i1},\cdots,a_{iN}$ 为一组函数族, 则内积就会得到基函数本身。

$$f_i^{\mathrm{T}} f_i=\begin{cases} 1, & i=j \\ 0, & i\neq j \end{cases} \tag{4.33}$$

通过任意两组基向量 $f_i$ 的外积就可以生成相应的基图像 $F_{ij}$，即：

$$F_{ij=}f_i^{\mathrm{T}} f_i=\begin{bmatrix} a_{i1} \\ \vdots \\ a_{iN} \end{bmatrix}\begin{bmatrix} a_{j1} & \cdots & a_{jN} \end{bmatrix}=\begin{bmatrix} a_{i1}a_{j1} & \cdots & a_{i1}a_{jN} \\ \vdots & \ddots & \vdots \\ a_{iN}a_{j1} & \cdots & a_{iN}a_{jN} \end{bmatrix} \tag{4.34}$$

而任意图像 $X(i, j)$都可以通过基图像 $F_{ij}$ 加权 $k_{ij}$，求和来实现重构，即

$$X(i,j)=\begin{bmatrix} x_{11} & \cdots & x_{1N} \\ \vdots & \ddots & \vdots \\ x_{N1} & \cdots & x_{NN} \end{bmatrix}=\sum_{i,j=1}^{N} k_{ij}F_{ij} \tag{4.35}$$

其中，$k_{ij}$ 中不等于 0 的元素个数越少，说明图像变换的结果越有效，这也是图像变换效率的客观评价依据：数字图像处理时，计算机只存储基函数类型、$k$ 值、角标 $i$ 和 $j$ 的值即可，即当图像有 $N^2$ 个像素，且 $N$ 足够大，如果 $k_{ij}$ 不等于 0 的个数有 $m$ 个，那么计算机存储单元包括 $3m$ 个加权值单元和一个基函数 $f$ 单元，当 $m$ 远小于 $N$ 时，图像变换后的大小就会呈数量级减小。

2) 任意表达函数中最简化表达函数的选择

图像矩阵的任意表达函数非常多，其最简化表达函数的选择判据是：确定类图像的有限个系数不为 0 的基图像的线性组合，其不为零系数为最少概率的，就是该类图像的最佳表达函数。

基于上述判据，选择线性空间中离散图像的变换函数进行图像变换，具体分为矢量代数变换和矩阵表达两个步骤。在代数变换中，由变换函数(称为基函数)生成基向量；以基向量为基础，通过向量外积(列向量在前、行向量在后)的矩阵运算进行图像变换，这种变换的特点是物理概念清晰、表达简洁，它是代数变换的二维延伸，此外，使用基图像作为图像的表达方法，即由基函数构成基图像，而基图像的线性表达又可以构成任意图像，从而通过图像变换获得图像的最佳表示方法。由于在变换过程中，均采用酉变换的形式，因此变换是可逆的，可以通过分解后的基图像合成原始图像，离散图像变换的典型例子有哈尔变换和哈达玛变换。

### 4.7.3　遥感影像处理变换过程的技术实现方法

经历了上述遥感影像像元处理变换本质过程后，进入到遥感影像处理变换技术实现环节。

按照遥感数字图像处理的技术流程，可以给出主要实现步骤的原理、方法及实现过程的数学物理本质。具体包括：①遥感数字图像处理技术Ⅰ—复原降噪声，其数学物理本质是去除数字图像处理或输入的卷积效应、等效噪声。②遥感数字图像处理技术Ⅱ—压缩减容量。在保证图像复原的前提下，去除冗余数据并突出有用信息，需要两类图像压缩：一是基于信息熵去冗余极限理论的无损压缩；二是基于率失真函数理论的有损压缩，即在工程误差允许的前提下用最小量存储数据保留尽可能多的有用信息。③遥感数字图像处理技术Ⅲ—模式识别，图像信息识别是遥感数字图像处理的最重要目的。为了提取图像中的有用信息，需要对图像进行模式识别处理，模式识别一般分为三大步骤：特征“寻找”、“提取”和“归类”，即图像分割(遥感应用的手段)、特征提取与判断分类(遥感应用的根本目的)，由此实现遥感目标对象的识别。④遥感数字图像处理技术Ⅳ—彩色变换与三维重建，在对遥感图像进行恰当的处理并提取出有用信息之后，对信息进行合适地表达以使图像更适合于人眼的观看，或使图像更接近于真实世界。这里最重要的基础如下。

(1) 图像复原

如图 4.24，原始拍摄获得的遥感数字图像在经过成像、传输、处理等各环节后将产生噪声并携带系统误差，因此图像处理的第一要务便是复原出原始对象的图像，只有知道原始真实图像“是什么”之后，才能根据需求提取图像中有用的特征信息，其本质是去除数字图像处理或输入的卷积效应、等效噪声。

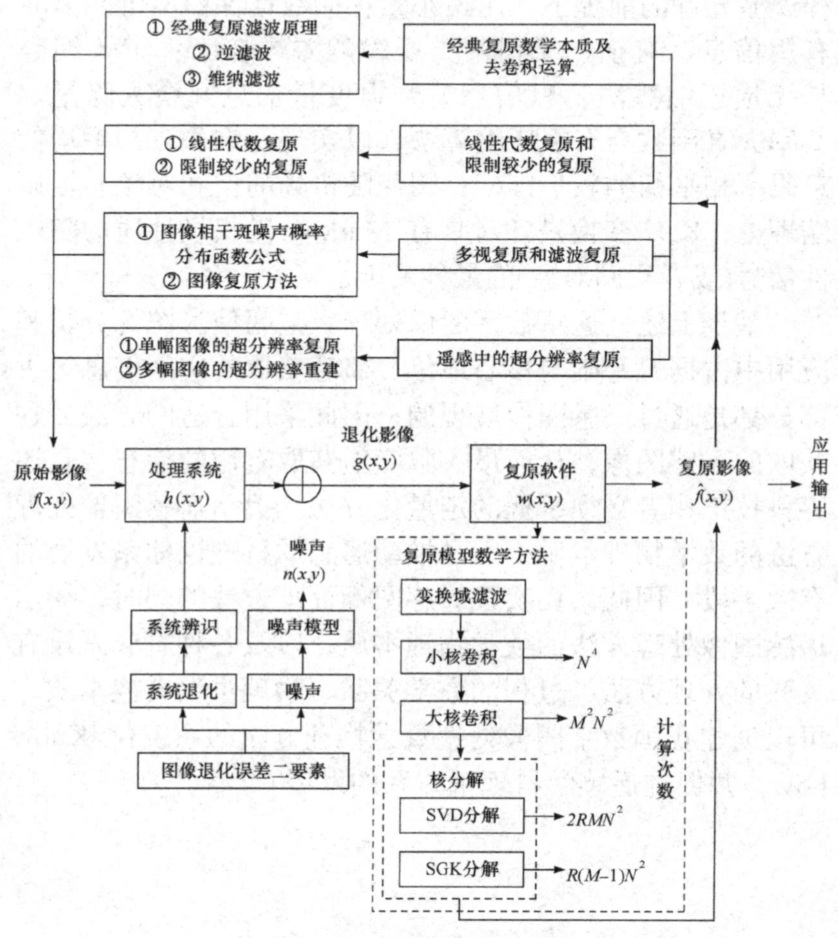


图 4.24　图像复原的数学物理本质

(2) 图像压缩

在保证图像复原的前提下，为了去除冗余数据并突出有用信息，一般需要对图像进行压缩处理，典型的压缩处理可以分为两大类：第一类是无损压缩，基于信息熵理论去冗余；第二类是有损压缩，基于率失真函数理论，在工程误差允许的前提下，用最小量存储数据保留尽可能多的有用信息。有损、无损两类压缩的差异在于：①熵编码与无损压缩算法，以信息熵判据度量信息冗余去除量。②率失真函数与有损压缩算法，以实现允许失真与平均信息码率相平衡的数学判据；图像随机场的空间对象有损压缩理论，K-L 变换是针对具有 Markov 随机场性质的随机性信号(或者空间对象)的最佳变换。

基于上述，遥感数字图像处理在空间信息图像分析和应用中占据着基础与核心地位。遥感获取的空间信息绝大部分都是通过遥感图像展现的；因此采用合适的方法处理获取的遥感图像，从而最大限度地获取有用的信息，是遥感科技工作者必须掌握的定量化方法。揭示遥感图像处理方法的数学物理本质，则是推动遥感学科理论体系发展的有效手段。因此，在实践遥感图像处理方法的同时，揭示遥感图像处理方法的数学物理本质，以及各种看起来没有关联的处理方法、过程的数学关联、物理量纲转换本质，可以创建我国数字图像处理数学物理方法的系统化 Know how，并促进遥感学科理论体系的发展。

# 第5章　遥感过程控制研究的热点难点

遥感智能化的前提基础是遥感过程的自动化实时化；实时化的前提是自动化，自动化的理论基础是控制论；遥感智能化的目的是实现全时空状态的遥感应用定量化，该定量化实现以遥感自动化实时化为前提。因此遥感智能化研究，必须是遥感过程智能化研究，即包括：遥感过程的定量化自动化实时化技术方法，遥感处理信息闭环反馈到遥感对象地物端实现动态控制，由此成为遥感过程智能化研究的基础和热点难点。

基于图 5.1 相关研究关联图，可将遥感智能化研究的热点难点主要概括为九个方面。

(1) 面向智能化的遥感尺度等不确定性和通导遥全过程控制基础。

(2) 可评估遥感激励源太阳光波精度极限的基于静电陀螺卫星平台的时空相对论效应验证。

(3) 遥感对象(地表)与太阳电磁波三维矢量全参数相互作用定量化新特征。

(4) 遥感手段智能化基础：从芯片到图像传感器新技术。

(5) 遥感对象-遥感手段智能化贯通：破解天地断点的地物-传感器物理参量贯通定量化自动化方法。

(6) 遥感手段-遥感处理智能化贯通：实时动态控制新技术。

(7) 遥感处理-遥感对象智能化反馈贯通：信息品质控制的四大分辨率基准。

(8) 由电磁波矢量光源输入到遥感应用目标输出的全链路智能化反馈贯通：三维光量子精度水平下偏振分辨率及遥感矢量动态控制技术基础。

(9) 遥感过程“最后一公里”落地：时空-理化信息智能融合终极应用。

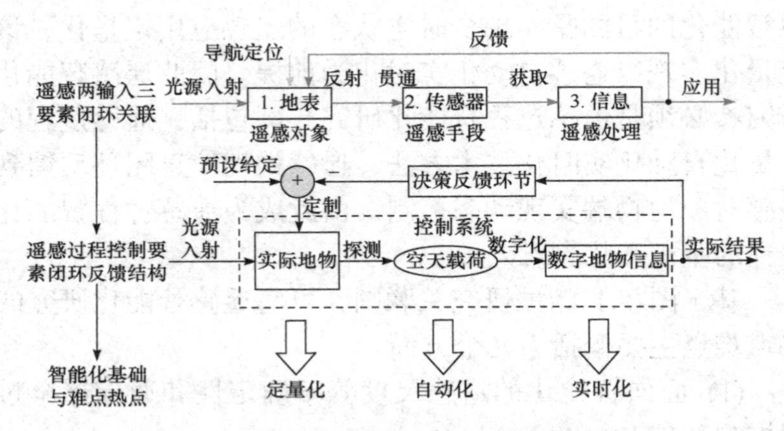


图 5.1　遥感时空闭环反馈智能控制结构图

# 5.1　尺度效应不确定性和通导遥的控制基础

遥感过程的控制方法首先贯穿在其尺度效应不确定性问题及通导遥集成智能化。

## 5.1.1　不同时空尺度影像融合的遥感过程分析

作为一个体系完备的遥感系统，不论是它的每一个子系统的硬件实现，还是从信息获取、处理到遥感数据应用的环节，其实都融入了控制论实践方法，只是很多是以人作为控制系统的某个环节，承上启下的。引入控制论，使我们有可能逐步脱离系统对人的依赖，实现系统的自动化闭环运行。

遥感系统中所涉及的问题，一般是将其转化为空间域相关问题并加以建模、推演、反演并最终解决。具体地，是利用状态方程来刻画原始量，再通过将状态方程转化成微分方程得到要解决目标的实现过程。控制论提供的拉普拉斯变换，将空间域中所遇到的动态问题转化到复频域，利用传递函数将研究问题转化为各子系统的串联、并联表达，而这些形式正是为我们大家所共识的。最后控制论提供的拉普拉斯反变换将复频域中所得代数运算结果再反变换到空间域中，得到最后的解决方案。

以遥感的时间分辨率为例。其应用的不同时间尺度场景主要分为：①超短期，如台风、寒潮、海况、鱼情、城市热岛等，需以小时计；②短期，如洪水、冰凌、旱涝、森林火灾或虫害、作物长势、绿被指数等，要求以日计数；③中期，如土地利用、作物估产、生物量统计等，一般需要以月或季度计；④长期，如水土保持、自然保护、冰川进退、湖泊消长、海岸变迁、沙化与绿化等，则以年计；⑤超长期，如新构造运动、火山喷发等地质现象，可长达数十年以上。

这里的问题是：因为要研究不同时间分辨率影像的合作用，如果在时间域里面，则需要对两个影像进行卷积，但只要引入卷积运算就很复杂，将不同时相的影像融合在一起非常困难。它们之间要联合分析，在时间域中几乎无法实现，只能将时序影像转换到复频率域里。例如在时域里面的 $f_1(t)$ 卷积 $f_2(t)$，在频率域里面变为简单的相乘，如公式(5.1)所示。

$$L\left[f_1(t)\otimes f_2(t)\right]=L\left[f_1(t)\right]\times L\left[f_2(t)\right] \tag{5.1}$$

遥感信号永远可以表达成有限个近似的正弦或者余弦的组合，这两类的函数在一起相乘，在惯性空间中就是卷积，而在拉普拉斯的复频域空间就是两个函数直接相乘。不同时间分辨率的影像，比如一个变化比较快的影像集与变化比较慢的影像集，它们要联合反映一个地物现象是一个卷积相乘的过程。一类是变化比较快的，它们之间可以卷积相乘，一类是变化比较慢的，它们之间也可以卷积相乘，这两类放在一起也可以卷积相乘，但是一放到频率域里面，就是简单的代数频域相乘，解算完成后，再拉普拉斯反变换。

### 5.1.2　尺度效应等不确定性问题破解的控制手段

不同的地物尺度是不同的。在高分辨率影像中可以看到局部细节，但看不到全局(大趋势)；反之亦然。假如 200 个像元才能刻画山丘的缓慢变化，则如果图像只有 20 个像元，那么地物在 20 个像元有波动才能被发现，因而感受不到这种山丘的变化趋势。这种因为采用不合适尺度描述某个变化率，会因为尺度限制而不能对其进行客观描述，称为尺度效应。尺度效应引出了遥感的不确定度误差，如果剧烈变化反映的是一个小坑接着一个小坑的变化，但由于不合适的尺度选取被误判成山体的变化。因此，需要融合不同空间分辨率的影像来剔除尺度效应，在控制论中可用时频域结合(小波变换)对其进行处理。

小波(wavelet)是定义在有限间隔且平均值为单位强度的数学函数，基于时频域窗口的变换。小波变换不同于频域分析傅里叶变换，它是空间(时间)与频率的局部变换，通过伸缩与平移等运算对信号进行多尺度细化分析，实现高频处时间细分，低频处时间压缩。

傅里叶变换是基于全域的倒数域变换，这种变换只能全局地压缩或展开图像，而不可兼容压缩和展开。然而，一幅真实的遥感影像一般会同时包含低频部分(如绵延的山脉)和高频部分(如陡峭的山峰)。时频组合小波变换通过平移和尺度缩放，使得它很好地解决了遥感影像低频压缩和高频展开的问题，弥补了以傅里叶变换为代表的全域或倒数域变换在处理平稳信号的不足。小波变换，即时频组合正交基理论，可根据实际尺度和起止时间需要进行“窗口”操作，其本质是幅度能量守恒条件下尺度因子和延时因子共存。在多空间分辨率下，小波变换被广泛应用于遥感过程控制的尺度效应剔除。

时间域函数 $f(t)$ 与拉普拉斯变换在频率域表达 $F(\omega)$ 互为逆变换：

$$F(\omega)=\frac{1}{2\pi}\int_{-\infty}^{+\infty} f(t)\mathrm{e}^{-\mathrm{j}wt}\mathrm{d}t \tag{5.2}$$

$$f(t)=\frac{1}{2\pi}\int_{-\infty}^{+\infty} F(\omega)\mathrm{e}^{\mathrm{j}wt}\mathrm{d}\omega \tag{5.3}$$

小波变换即时频变换，与拉普拉斯变换因子相同。以二元函数 $f(x,y)\in L^2(R)$ 为例，$L^2(R)$ 表示函数在实轴上平方可积，其二维连续小波变换与逆变换分别为：

$$W_f(a,b_x,b_y)=\int_{-\infty}^{+\infty}\int_{-\infty}^{+\infty}f(x,y)\Psi_{a,b_x,b_y}(x,y)\mathrm{d}x\mathrm{d}y \tag{5.4}$$

$$f(x,y)=\frac{1}{C_\Psi}\int_{-\infty}^{+\infty}\int_{-\infty}^{+\infty}\int_{-\infty}^{+\infty}W_f(a,b_x,b_y)\Psi_{a,b_x,b_y}(x,y)\mathrm{d}b_x\mathrm{d}b_y\frac{\mathrm{d}a}{a^3} \tag{5.5}$$

其中，$b_x$ 和 $b_y$ 表示在两个维度上的平移，二维基本小波 $\Psi(x,y)$ 表示为：

$$\Psi_{a,b_x,b_y}(x,y)=\frac{1}{|a|}\Psi\left(\frac{x-b_x}{a},\frac{y-b_y}{a}\right) \tag{5.6}$$

因此确保了两个以上不同分辨率影像融合，在频率域为代数相乘关系，将尺度效应误差降到最低，是遥感过程控制与智能化的重要工具。时空惯性域卷积运算一般即使处理两种尺度的融合问题就非常复杂困难，对于多尺度融合就非常困难了。而时频域小波变换由于其继承自拉普拉斯变换的优秀特征，可以实现多尺度影像在频率域的简单乘算。

定量遥感尺度转换是指将遥感信息从一种时空尺度转换到另一种时空尺度[19]，以寻求复杂观测对象的最佳观测尺度，揭示其规律[134]。尺度转化是解决尺度效应问题的关键。考虑尺度效应的系统性，即需要在遥感过程控制中建立反馈修正机制，形成自动化闭环，如图 5.2 所示。在多次自适应的反馈修正后，形成受尺度效应影响最小的自动校正函数和模型应用组合。

控制论除了能为遥感过程提供反馈闭环与系统性的修

正外，还可以把惯性空间的时域表达转换到其频率域。频率域下的尺度效应可能更容易被计算机理解并找到最优的解决方案。

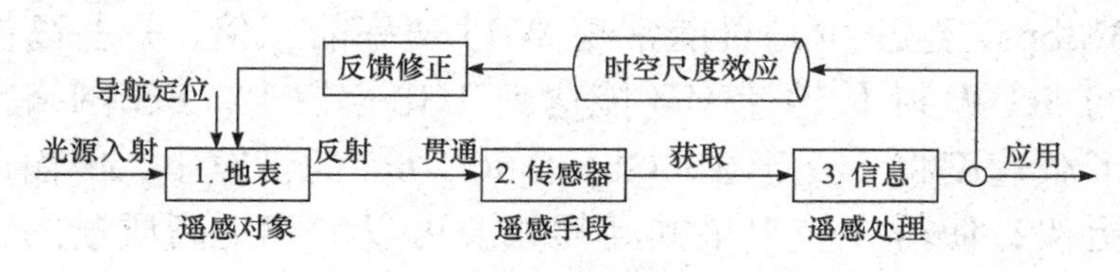


图 5.2　时空尺度效应的控制流图

由尺度效应误差控制传递方法延伸开来，可以将已发现的或未知的不确定因素加入到整个遥感过程控制中，建立反馈修正机制。这里面也许会有许多困难。因此需要：①弄清不确定性因素的本质，②建立量化指标来量化，③能够评估或者推估不确定性要素的传播。在这样的条件下，才能够加入到控制的过程当中，建立反馈机制，把未知的不确定因素去掉或作为黑箱加以控制，建立灰色控制系统加以有效抑制。由此探索出遥感误差传递控制的一系列方法，其中的解析误差控制是首当其冲的。

### 5.1.3　通导遥技术一体化的过程控制实现方法

通导遥一体化卫星建设需要应用控制论的理论，使通信、导航、遥感模块都能正常工作，同时满足系统的反馈平衡和稳定。

(1) 导航与通信的结合。5G、6G 通信技术的发展，为通导遥一体化提供了更可靠的技术基础。频率越高，可用带宽越宽。因此，为了实现更高的带宽，就需要采用更高的无线电频率[135]。例如，4G 网络仅能达到 2.5GHz 的频率，5G 网络可以实现 28～39GHz 频段运行，而包括 6G 在内的下一代移动网络预计将采用 100GHz 以上的频率，能实现更高的无线传输速度。5G WiFi 的入门级速度是 433Mbps，这至少是目前常规 WiFi 速率的三倍，一些高性能的 5G WiFi 传输速率还能达到 1Gbps 以上。6G 网络预计下载速度将不低于 100Gbps。5G、6G 的带宽下，传输速度更快，使得导航卫星的高频载波可以加载更高质量的遥感信号，也使得卫星信号传输速度更快，更有利于遥感信号的实时传输和后续处理应用。

(2) 导航与遥感的结合。导航信号和遥感信号的传递都以通信为基础前提。卫星导航系统的频段一般为 1～2GHz，例如我国北斗导航卫星的上行链路使用 L 频段(1610～1626.5MHz)，下行链路使用 S 频段(2483.5～2500MHz)[136]。可见光波长范围 400～700nm，频率范围 405～790THz。红外波段 0.8～12.5μm，频率范围 24～375THz。微波波段 3mm～30cm，频率范围 1～100GHz。在现在的技术条件下，可以实现利用导航卫星信号直接进行微波遥感观测，并通过星间链路或天地链路传递实现通导遥一体化。

(3) 导航高频与遥感低频信号卷积的频域变换。导航卫星的微波段信号提供高频载波，而地面信息缓慢变化的遥感信号地物信息是一个低频被调制波，高频载波能够承载缓慢变化的遥感信号低频轮廓信息。高频载波和低频遥感信号的调制波，通过通信技术的解耦分析可以实现分离利用。在时域中导航和通信高频信号与遥感低频信号卷积，在频率域中高频信号和低频信号是直接相乘代数关系，可以实现不同频率信号的直接分离。也可通过泰勒级数展开解析基波和高频波，为导航和遥感信号的综合利用提供基础。

(4) 通导遥一体化。通导遥技术一体化首先需要考虑一星多用、多星组网、天地互连、多网融合，让系统联通起来；其次需要统一基准、关联表征、数据挖掘，实现时空融合。基于现状，亟需按照系统工程和控制论的方法，建设一个通导遥一体化天基信息实时服务技术系统，其方法探索任重道远。

(5) 量子通信，是指利用量子纠缠效应进行信息传递的一种新型的通信方式，具有高效率和绝对安全等特点。我国发射“墨子号”量子卫星，这标志着我国天地一体化量子通信网络雏形，为未来实现覆盖全球的量子保密通信网络迈出了新的一步。量子通信也为通导遥一体化提供了新的保密性较好的手段。

### 5.1.4　遥感过程控制的七项工程四项技术方法

针对遥感空间信息自动化传递手段的实现技术，给出时空闭环反馈控制结构(图 5.3)，可得到时空闭环反馈系统的传递函数：

$$\frac{C(s)}{R(s)}=\frac{G_1(s)G_2(s)G_3(s)}{1+G_1(s)G_2(s)G_3(s)F_1(s)} \tag{5.7}$$

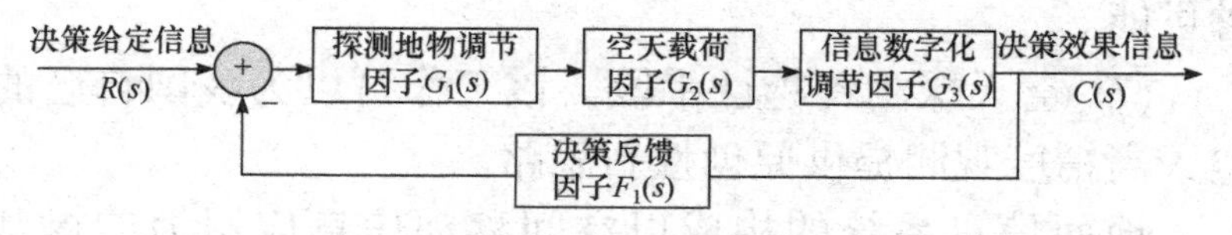


图 5.3　时空闭环反馈控制结构图

上述技术的实现主要存在七类工程问题，它们是我国遥感应用体系自动化、实时化的技术瓶颈；需要给出解决方法，实现技术突破。

(1) 空、天载荷研制与地物目标自动解译的结合。采用地物波谱与对地观测载荷谱段通道的动态关系仿真模型及参数化等效技术进行突破。

(2) 空、天影像数据获取与地面信息转换处理的结合。采用建立遥感样本影像库与现有遥感波谱数据库相结合的方式，转换成影像数据与地面信息等多种方式进行突破。

(3) 数字成像数据的智能安全性与处理并行性。采用成像系统像元级控制、信息并行获取处理方法解决此类问题技术突破。

(4) 海、陆表面探测效率的提高和三维性问题。通过偏振遥感研究建立的地物多角度多波段偏振特性与地物密度关系理论，为遥感探测由二维向三维的技术跨越提供了依据。

(5) 陆面信息应用的实时性。采用遥感影像与地面分析信息直接转换、移动载体直接接收/刷新影像信息解决此问题。

(6) 陆面、水下/地下的无缝隙导航定位手段。探索具普适性、非人工性、全局无缝隙的辅助导航手段提供了这种可能。

(7) 空天探测跨越性手段。该工作可以为我国自己的空天高精度观测提供原创性新思路。

地面信息系统的构成以空间移动信息应用为前提基

础。空间移动信息的获取、处理、传送与应用通过遥感、遥测、遥控技术实现；并融合一体。空间数据融合涉及四个方面工作。

(1) 信息是多源的，物理含义不同，不同条件下对系统影响有差异，因此存在信息控制精度(准确性)问题，可以采用变权重的智能化融合技术解决。

(2) 多源信息是从不同渠道获得的，存在实时性处理问题，可以采用并行计算与传输的技术解决。

(3) 移动信息是动态的，必须瞬时可靠地获取，否则信息丢失，无法分析决策，由此产生了信息的可靠性问题，可以采用冗余与容错重构技术解决。

(4) 空间信息决定了系统的决策控制模型，但动态信息往往会产生高阶动态模型，建立、解算这些高阶模型是必须的，但又给信息系统的实时控制产生了困难，因此必须提供高阶系统的降阶处理方法，可以采用降阶模糊(Fuzzy)智能控制技术解决[18]。

## 5.2 光波场精度极限评估的相对论效应验证

牛顿认为，空间和时间是绝对的或固定的实体，引力可以表示为一种在一定距离的物体之间以某种方式的瞬时作用。在牛顿的宇宙中，一个完美的绕地球旋转的陀螺仪的旋转轴相对于绝对空间将永远保持固定。

爱因斯坦认为空间和时间是相对的实体，交织成一种“结构”，他称之为时空。在爱因斯坦的宇宙中，天体的存在会导致时空弯曲，因此一个完美的绕地球旋转的陀螺仪的旋转轴会随着时间的推移而相对于遥远的宇宙漂移(改变它的方向)，因为它遵循时空的弯曲和扭曲曲率。同时，重力引起的时空弯曲也会带来相关的时空效应。根据爱因斯坦的理论，在一年的时间里，地球局部时空的短程线效应应该会导致每个陀螺仪的自转轴在航天器轨道平面上偏离其初始校准的极小角度 6.606 角秒(0.0018 度)。同样地，地球局部时空的扭曲应该会导致自转轴在地球赤道平面上以更小的角度移动 0.039 角秒(0.000011 度)——从四分之一英里外看，这大约是一根头发的宽度。

太阳光电磁波，也是一种空间物质。由于其光粒子运动，对相对论的扭曲时空，既是受体，也是相互作用体。但其作为遥感输入源的基准，任何偏差或极限微变，都应给以探索。

### 5.2.1 静电陀螺 ESG 基准下光波场相对论效应

静电场，指的是观察者与电荷量不随时间发生变化的电荷相对静止时所观察到的电场，具有力的作用。静电场是人工的，但其导航定位作用意义超越牛顿力学惯性空间。静电场导航定位是目前为止世界上最高精度的导航系统，中国是独立实现应用的 3 个国家之一。静电陀螺(Electrostatic Suspended Gyro，ESG)是世界上最高精度的惯性器件，其精度可达 $4.4 \times 10^{-2}$ 角秒/年。目前为止，包括激光陀螺在内的光导发光技术不可能完全替代以自旋转子为基础的高精度静电陀螺，目前很低漂移率($10^{-4}$°/h 或更低)还要靠静电陀螺来保证。用静电陀螺构成的导航设备，如静电陀螺监控器和静电陀螺导航仪等，自 20 世纪 80 年代以来已广泛应用于核潜艇、测量船、远程弹道导弹、战略轰炸机和航天飞机上。基于静电场的静电陀螺可用于深空探测导航定位，利用陀螺的漂移，可以验证爱因斯坦相对论的两个预测——短程线效应和坐标系拖拽效应[137]。

Gravity Probe B(GP-B)是美国宇航局的一项物理研究任务，旨在实验研究阿尔伯特·爱因斯坦 1916 年提出的广义相对论——重力理论。GP-B 使用四个以静电陀螺 ESG 为惯性基准的超导量子干涉仪(SQUID，简称陀螺仪)和一个望远镜，搭载于离地球 642km(400 英里)的卫星上，用新的方式、前所未有的精度测量广义相对论预测的两个效应：短程线效应(The geodetic effect)——地球扭曲其所在的局部时空的程度，坐标系拖曳效应(The frame-dragging effect)——旋转的地球对其局部时空的拖曳量(直接测量)(图 5.4)。

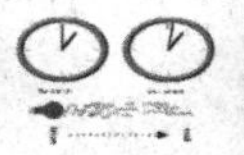

短程线效应　引力红移　坐标系拖曳效应　夏皮洛时延　光线偏转

图 5.4　天体质量引起的相关时空效应

对应地，爱因斯坦相对论预言包括对光波的影响，即对光的波长、时间、空间的改变，包括引力红移、夏皮洛时延和光的偏转。这对于对地观测的遥感输入源太阳电磁波基准的更精细应用、对天观测利用太阳电磁波激励都是最极端精度的光源基准。

### 5.2.2　ESG 卫星下光波场极限精度中国验证基础

GP-B 将四个 ESG 为惯性基准的陀螺仪和望远镜放置在极地轨道卫星上，开始时，望远镜和陀螺仪自转轴对准一个遥远的参考点——一颗向导星 IM Pegasii(HR 8703)。望远镜一直在跟踪这颗移动非常缓慢的恒星，但陀螺仪不受恒星所谓的“固有运动”的影响。在陀螺漂移数据中减去向导星定位的位移，求得陀螺的角位移与向导星的初始位置差，即陀螺的相对漂移量。让望远镜与导向星对齐一年，在此期间测量每个陀螺的自旋轴对齐在轨道平面上(短程线漂移)和在地球自转平面上的正交漂移(坐标系拖曳漂移)的变化。GP-B 实验通过在一年内精确测量四个陀螺仪自旋轴的漂移(位移)角来观测这两种效应，并将这些实验结果与爱因斯坦理论的预测进行比较。

在有关文献[138]中提及，GP-B 所用的陀螺输出信号模型为：

$$\begin{aligned} z_G(t) &= C_g\{[\mathrm{NS}_0+\varepsilon_1(t)]\cos\phi+[\mathrm{EW}_0+\varepsilon_2(t)]\sin\phi\}+b+v(t) \\ &= Hx+v(t) \end{aligned} \tag{5.8}$$

其中，$x=[C_g\mathrm{NS}, C_g\mathrm{EW}, C_g, b]^{\mathrm{T}}$，$H=[\cos\phi, \sin\phi, \varepsilon_1, \cos\phi+\varepsilon_2\sin\phi, 1]$；$C_g$ 为 SQUID 的比例因子；$\mathrm{NS}_0$，$\mathrm{EW}_0$ 分别是初始陀螺转轴与引力探测器瞄准线的偏角在南北、东西方向的分量；$b$ 和 $v$ 是 SQUID 输出信号的零偏和白噪声；$\varepsilon_1(t)$，$\varepsilon_2(t)$ 分别是南北、东西方向的星光像差。

卡尔曼滤波是一种递推算法，在导航控制中常用于信号状态的预测，其特点是在随着数据处理量的增加而逐渐提高估计精确度。因此，通过卡尔曼滤波对 $x$ 进行估计，进一步可以计算陀螺在南北、东西方向上的漂移量 NS 和 EW。图 5.5 是利用第一个陀螺预测出的 NS 变化曲线，虽然受到噪声的影响波动很大，尤其是曲线前段和后段变化规律较不规则，但曲线中段呈现明显的线性变化特征，对该图做拟合得到漂移率为 6591.63 mas/yr，与爱因斯坦相对论预测值的相对误差仅为 0.438%，初步验证了广义相对论预言的短程线效应。

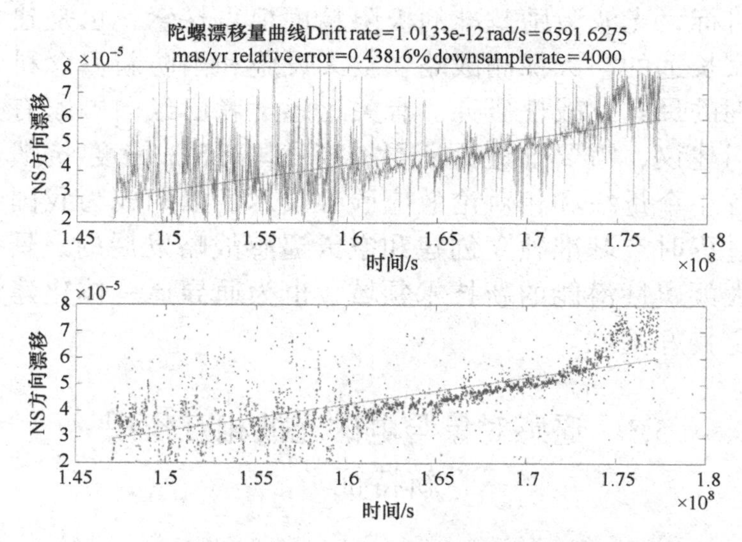


图 5.5　GP-B 项目 Gyro#1 NS 方向的陀螺漂移曲线

中国 ESG 静电陀螺技术研究始于 1965 年，经 30 年前工程瓶颈突破后的持续研发和理论探索，其导航系统是继美俄后第三个具有自主研制生产能力的国家，实现国防与科学应用。基于美国 GP-B 时空相对论效应验证项目较完整的 ESG 卫星实验数据，我国学者经细致探索处理初步复现了 4 个 ESG 惯性基准验证的上述指标，精度接近 GP-B 项目验证结果。

另一方面，中国学者发现遥感太阳光源偏振非均衡扩散规律，打破了遥感面世以来的理想光源前提假设。追溯太阳光源进入近地轨道前的光路过程，及空间物理研究，也证实了其非均衡理想的光学效应。因此，基于时空相对论效应将引发的光波引力红移、夏皮洛时延、光的偏转和波长变化等。这些对于我国对天对地观测长远目标，光波激励基准的极限精度值得探索，也是建立国家长远的空天探测战略、空天设施和国防新概念科学原理的最具挑战性研究。有关遥感学者已经向国家有关部门建议，需要推进论证再提高我国 ESG 精度-抗惯性力各 1 个量级和相对论效应验证技术，以期成为我国遥感过程时空基准独立创建和空天遥感战略发展的、具有巨大颠覆性潜能的新技术领域，也为通导遥一体化建设奠定良好基础。

## 5.3　遥感对象与电磁光波相互作用新特征

地表四大地物为水、土、岩和植被，是研究地物光学三维矢量特性的最主要对象。由此获得地物三维电磁横波偏振矢量遥感的五个特征，即：多角度物理特征，多光谱化学特征，粗糙度和密度结构特征，高信号背景比滤波特征以及非均衡辐射传输能量特征。

### 5.3.1　多角度物理特征下被动光学主动微波关系

当入射角以小角度入射时，主要出现漫反射现象；大角度入射时，主要为镜面反射，且入射角越大，其镜反射越强烈，是镜反射和漫反射的合成体，称之为偏振效应的多角度特征。

光学偏振与微波极化具有同一个英文单词 Polarization，只是工作在不同波段，两者优劣势互补。偏振既可以因为波长短而其极化效能穿透力相对弱，又可以因波长与大气粒子同量级而研究大气粒子作用。与微波极化类似，光学偏振也可以实现大角度测量，偏振光学利用太阳电磁波，属于被动遥感；而微波是主动遥感(人工光源)，需接收运动回波而不能垂直观测(图 5.6)，相对成本代价较高。同时极化 SAR 的优势在于具有更强的穿透云雾/地表的能力，但无法像光学偏振一样开展大气观测，详细对比见表 5.1。

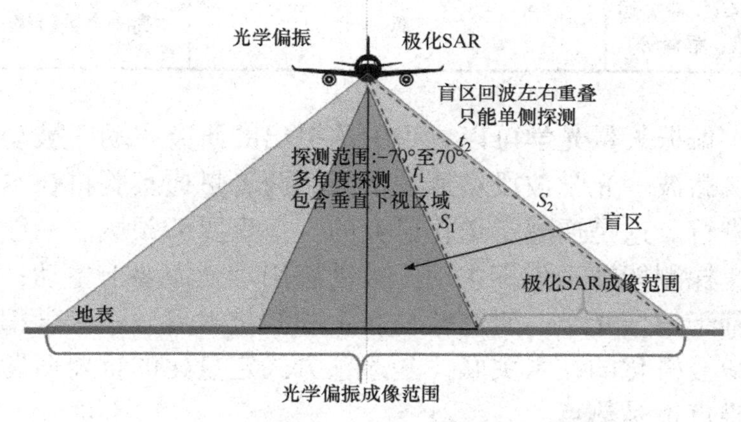


图 5.6　光学偏振与极化 SAR 成像角度比较

**表 5.1　光学偏振与 SAR 对比**

| | 光学偏振 | 极化 SAR |
| --- | --- | --- |
| 成像方式 | 被动(太阳光源) | 主动(人工光源) |
| 载荷寿命 | 长 | 短 |
| 波长范围 | 370～1000nm(可见～近红外) | 1mm～1m(微波) |
| 偏振/极化模式 | 0°/45°/90°/135°等，取决于角度分辨率，在±0°～180°可细分 | HH/HV/VH/VV |
| 成像角度 | 从垂直下视到大角度范围内的多角度观测，角度范围(–70°，70°) | 固定侧视角度成像 |
| 图像形式 | 一景多像 | 多极化伪彩图 |
| 图像直观可视性 | 好(所见即所得) | 弱(需要专业解译) |
| 大气影响 | 大气散射偏振效应(大气校正手段早已成熟)；大气偏振中性区域空间窗口不受大气影响 | 不受大气影响 |
| 应用领域 | 地表和大气反演 | 地表反演 |
| 成本(仪器、运维、解译等) | 低 | 高 1 个数量级 |

偏振矢量光学可以成为中国提出的研究主动—被动遥感、微波—光学波段贯通的桥梁，两者贯通实验将在本年度进行。这是遥感定量化研究的一个重要新领域。一般来说，探测能被动就不主动，被动有困难就需要上主动；因此基于偏振光学，研究被动和主动的技术界限，光学偏振与微波极化的技术关联，是遥感方式定量化的重要命题，是难点也是热点。

### 5.3.2　多光谱化学特征下矢量横波标量纵波统一

由于在反射、散射、透射电磁辐射的过程中，会产生由地物自身性质决定的多角度光谱特征和偏振光谱特征。研究不同地物的多角度光谱特征和偏振反射特性，寻求出它们在 2π 空间内多角度反射光谱规律以及偏振反射规律。这些潜在的规律、丰富的角度以及偏振信息的差异，为遥感的应用和研究带来了新的方法和途径。

偏振与光谱的关系，本质上反映了电磁波横波偏振二维切平面矢量与传播方向波长标量的线性无关本质，因此可以组合为多参量三维矢量遥感手段。因为传播方向的标量是矢量方程的子集，所以常规高光谱仪加上偏振组件就可以使偏振和常规遥感仪器贯通一体，如图 5.7 所示，为常规传感器与偏振组合的全参量、多参量矢量遥感仪器提供了物理基础；且偏振矢量把常规分辨率关联一体，形成矢量遥感完整表达体系。这样的研究正在成为矢量遥感新型仪器构建的物理基础和热点。

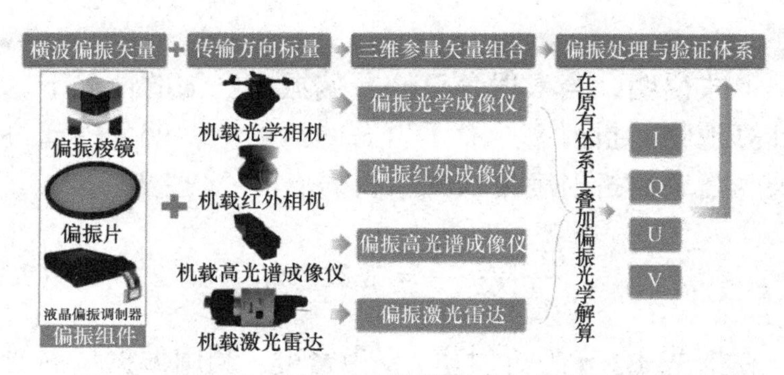


图 5.7　偏振和常规遥感仪器贯通一体的成像特征

### 5.3.3 粗糙度-密度结构特征下材质辨识力

物体的表面粗糙度、结构纹理、化学成分、含水量、光入射角度的不同，都会影响反射光波的偏振特征。因此可以利用偏振反射光谱来分析地物表面的物理性质和化学性质。地物表面密度就可以通过地物的偏振反射光谱计算得出。

经过推导，岩石表面的反射光谱的偏振度 $P$ 为：

$$P=\frac{2\cos\alpha\cos\beta\sin\alpha\sin\beta}{\cos^2\alpha\cos^2\beta+\sin^2\alpha\sin^2\beta}=\frac{2}{\dfrac{1}{\mathrm{tg}\alpha\mathrm{tg}\beta}+\mathrm{tg}\alpha\mathrm{tg}\beta} \tag{5.9}$$

利用折射定律，可以用地物的折射率消去上式中的折射角，于是得：

$$P=\frac{2\cos\alpha\sqrt{1-\dfrac{\sin^2\alpha}{N^2}}\sin\alpha\dfrac{\sin\alpha}{N}}{\cos^2\alpha\dfrac{N^2-\sin^2\alpha}{N^2}+\sin^2\alpha\dfrac{\sin^2\alpha}{N^2}}=\frac{2\sin\alpha\mathrm{tg}\alpha\sqrt{N^2-\sin^2\alpha}}{N^2-\sin^2\alpha+\sin^2\alpha\mathrm{tg}^2\alpha} \tag{5.10}$$

上式说明，当入射角已知，偏振度已知的情况下，可以计算地物的折射率。有了岩石的折射率，就可以通过洛仑茨–洛仑兹折射度公式来求得岩石的密度：

$$\frac{n^2-1}{n^2+2}\times\frac{1}{\rho}=\text{常数}=\gamma_{L\cdot L} \tag{5.11}$$

在上式中，$n$ 为折射率，$\rho$ 为密度。利用偏振反射光谱来探测自身不发光星体的表面密度。利用该方法计算出地球表面密度为 2.824 g/cm$^3$，而目前地球表面密度公认数据为 2.9 g/cm$^3$。两种结果非常相近，可见用星体的平均 $K$ 值来估算星体的表面密度结果很可靠。

这实际上是对几何遥感和高光谱遥感的新变量完善。目前高光谱研究的仅仅是不同物体随波长的光谱反射率变化情况，而对于物质的折射率没有探究；几何遥感只得到对象的空间形状，而得不到材质的粗糙度和密度。由此可以深入细致地去揭示地物的组成。

基于粗糙度密度结构特征形成岩-土间接测量理论，发现偏振间接测量比实测样本误差一般小于 12%，满足地质观测的常规要求。因此可用于地质地球物理、月球和远端星体特性测估。

### 5.3.4　高信号-背景反差比特征下亮暗辨识力

常规式遥感手段在光线太强或光线太弱的情况下很难获取想要的信息，偏振遥感具有“强光弱化”、“弱光强化”的特点，可以有效分析强反射地表的特性。图 5.8(a)、(b)为高信号背景比下的飞机实验，图 5.8(c)、(d)为高信号背景比下的水面实验。

研究结果表明：

(1) 在飞行实验中，实验背景的辐射强度大，飞机主体的辐射强度小，在强度图像中表现不明显的飞机细节在偏振度影像中表现十分明显，说明了在这种背景强度大，目标强度小的高信号背景比条件下，偏振能够提取目标细节信息。

(2) 在水面上旋转偏振片，某些特定角度下，反射光强度过大，无法提取水下目标的信息，而在某些特定角度下，这部分反射强光可以通过偏振片滤除，使得水下目标信息

(a) 强度图像

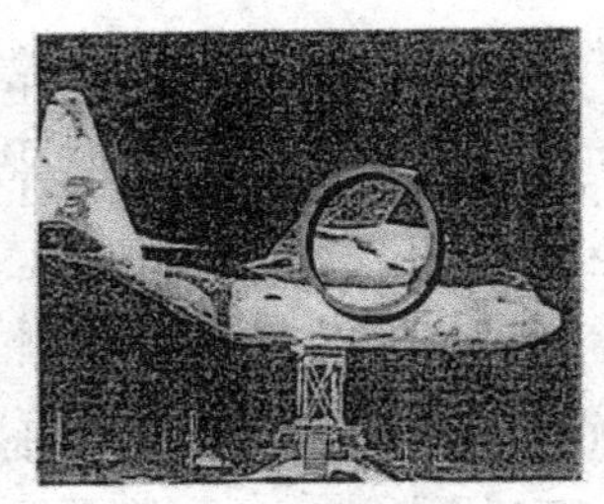

(b) 偏振度影像

(c) 旋转偏振片前

(d) 偏振旋转到一定角度后

图 5.8　在水面上旋转偏振片不同角度的效果

展现出来，这说明了在这种水面反射噪声强度大，水下目标强度弱的高信号背景比条件下，偏振也能够提取目标细节信息。

信息-背景高反差比滤波特征即“强光弱化，弱光强化”能力，使亮暗两端探测能力提高 2～3 个数量级(表 5.2)，对海洋、土壤含水量、水体富营养化、冰雪强反射地物测量尤其有效。

**表 5.2　强度影像和偏振影像的信息-背景反差比**

| | | 490 nm | 670 nm | 865 nm |
|---|---|---|---|---|
| 强度影像 | 水 | 14.07 | 3.47 | 1.97 |
| | 云 | 97.77 | 102.22 | 107.37 |
| | 信息-背景比 | 0.14 | 0.03 | 0.02 |

续表

| | | 490 nm | 670 nm | 865 nm |
|---|---|---|---|---|
| 偏振影像 | 水 | 57.25 | 62.51 | 72.49 |
| | 云 | 50.31 | 50.16 | 65.16 |
| | 信息-背景比 | 1.14 | 1.25 | 1.11 |
| 反差比提升倍率 | | 8.14 | 41.67 | 55.50 |

### 5.3.5　非均衡辐射传输特征下三维量子微观性

正确的光源激励基准要素是遥感辐射传输能量方程创立的源泉。遥感长期依赖光传播方向的强度、波长、相位标量进行探测，且定量化能力长期徘徊于 80%置信度；将问题溯源指向光源激励过程基准要素，发现了太阳电磁波垂直切平面的光量子二维偏振参量的非均衡效应。中国学者经 20 余年带领国内外十余个团队、百余种地物-大气的 30 余万组野外偏振观测数据，创立偏振矢量遥感理论，将大气衰减过程导致的 5%～30%不确定度降低到 3%[139]。

遥感反射率反演的基础理论(Bidirectional Reflectance Distribution Function，BRDF)以光源标量即振动电磁波平均强度值的理想光源假设为前提。这使得遥感反演无法突破长期徘徊于 80%置信度的瓶颈。考虑光学源端的非均衡偏振效应，建立 BPDF(Bidirectional Polarization Distribution Function)理论后，发现了 20%的不确定度的来源，通过真实偏振光理论发现的平均 20%误差有助于解析遥感不确定度，进而反映到仪器、大气和地表的反演精度提升上(图 5.9)，NOAA EPIC 官网明确将该成果作为其官方算法。

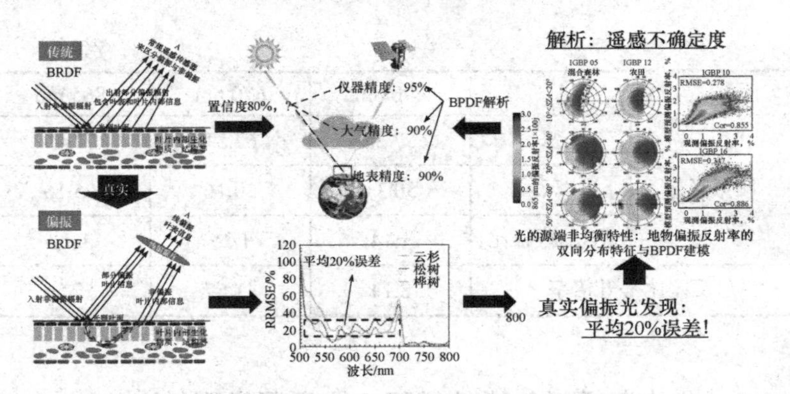


图 5.9　遥感影像不确定度的系统误差根源

国际全球植被反演专家 Knjazihhin 团队 2013 年在美国 PNAS 上发 3 篇论文表明植被在高光谱上的表现除了叶片光学特性、入射/观测方向有关外，还与植被冠层结构和偏振信息有关[140]。之前发表的一些论文基于植被 BRDF 与氮含量的正相关关系可能是错误的[141]，而这个错误的直接原因就是这些研究的样本在阔叶与针叶的分布上基本满足线性关系。但真实获得的 BRDF 信息其实是光经过表面及内部三维散射的结果，要想彻底了解叶片内部化学成分，就必须使用偏振的手段即依据已经建立的 BPDF 模型剔除获取 BPDF 进而表征表面镜面散射的影响。从 BRDF 到 BPDF 的跨越，颠覆了氮含量正相关的错误结论，并发现偏振效应导致的反演误差最高可达 140%，充分考虑偏振因素后得到氮含量负相关正确结论。针对上述 PNAS 上遥感反演参量与植被碳氮含量正、负相关十年对立结论争议，发现植被立体偏振结构成为验证遥感反演对温室气体效应、气候变化等全球命题准确与否的重要手段，并提示气候研究者，温室效应这一重大命题极有可能被高估(图 5.10)。

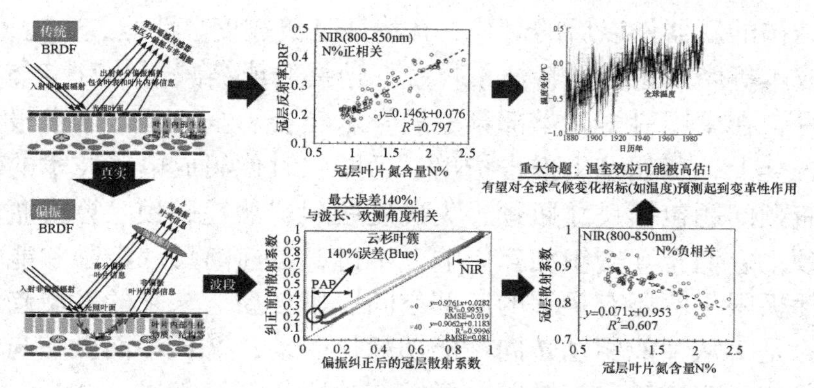


图 5.10　植被入射反射偏振三维光量子分辨率模型

总之，偏振遥感与常规光学遥感结合，完善了电磁光波的全参数矢量特征，并成为电磁光波与地表物质相互作用的本真表达。进一步地，由于太阳电磁波是贯穿遥感地学、传感仪器和成像处理三个环节全过程，因此成为遥感高分辨率动态过程控制的纽带。

## 5.4　遥感手段核心基础：芯片与成像传感器

遥感手段智能化首先来自于其源头：数字图像芯片技术及其成传感器技术。

1) 芯片技术“后摩尔时代”的遥感仪器发展机遇和趋势

芯片是遥感仪器感知、计算、存储、通信的基础，芯片技术的发展决定着遥感仪器的发展水平和发展趋势，如今芯片技术进入“后摩尔时代”。

“后摩尔时代”指芯片从平面结构的传统器件走向立体

结构的新器件以后的时代，其特征是集成度、性能、功耗、成本等摩尔定律的特征不再统一地提升或缩减。2021 年 5 月，在中国科学院学部第七届学术年会、全体院士学术报告会上，黄如院士报告指出：后摩尔时代集成电路技术的瓶颈问题包括尺寸瓶颈、集成度瓶颈、功耗瓶颈、算力瓶颈，它们相互交织相互影响。不过，目前离尺寸极限和能耗极限仍然还有足够的底部空间以供创新。未来的发展趋势是①从性能驱动转向性能功耗比驱动；②从平面微缩与单芯片集成转向三维等效微缩与功能化系统集成；③从系统/电路/器件/工艺分层设计、分别优化转向系统-工艺跨层次协同设计。应对这三大发展趋势，后摩尔时代的 IC 技术需要从材料、器件、工艺、集成、设计、架构等多个维度多个方向共同发力。

后摩尔时代芯片技术发展趋势给遥感技术的发展带来启示。

(1) 芯片体积缩小、功耗缩小，给遥感仪器的小型化、低功耗带来了更多可能，将有力支持微纳遥感卫星、轻小型无人机等遥感手段的发展。

(2) 芯片功能化系统集成的发展，可以在未来使得遥感成像仪器实现感知、运算、存储、通信的一体化芯片集成，降低仪器批量化生产成本，提高批量化生产效率，有力支持提升平台数量巨大的组网观测。

(3) 芯片算力提升、功能集成，将极大促进遥感自动化、智能化发展，实现星上或机上智能处理、智能自主观测等目标需求。

(4) 系统-工艺跨层次协同设计，也给遥感仪器、遥感应用研究就人员带来了更多挑战和机遇，学科交叉更为重要，因为遥感和仪器需求，将可以直接反映到芯片集成的层面，定制的芯片功能集成满足特定遥感观测、遥感应用需求，使得芯片的功能、能耗、体积都得到最优的配置和利用。

2) 光场单相机三维“全息”一次成像传感器新技术

在传统视觉三维信息计算获取过程中，通常采用多视几何的手段。由于单一的相机仅确定物点、透镜光心以及像点三点所共直线，因此需要进行重复观测。具体来说，就是通过不同相机多角度同时成像，或同相机不同时间成像，拼接出三维影像，这种方案获取三维信息代价高，拼接困难，计算量非常大。

瞬间单相机三维同时成像是遥感智能化的传感器梦想，即探究如何在遥感影像的获取阶段就形成由 3 维对象数据到 3 维数字地球信息的 3-3 维直接转换的数字世界扫描？而不受二维成像、处理、存储器件的限制而长期不得不以常规的 3 维对象-2 维存储-3 维显示的 3-2-3 数据传输转换的方式困扰？

全息成像的原理提示我们：单相机一次三维成像，需要两个要素——相机入射光的角度和强度。微透镜给出了通过单相机获取这两个要素进行三维成像的可能性。微透镜结构的光场相机，从元器件组成上来讲，其整体结构仍然与普通相机相似，唯一的区别是在探测器(CCD/CMOS)之前加装了一块微透镜阵列，通过微透镜对光线的折射汇聚作用从而达到对同一物点光线的角度采样率的提升如图 5.11 所示。

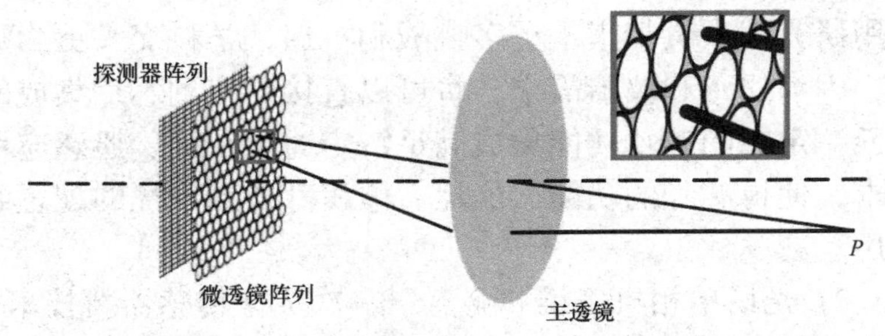


图 5.11　光场相机微透镜结构，放大部分为光线经过微透镜阵列局部放大的内容

对于光场相机，其内部的光线的方向可以通过计算获取，因此不同像点的光线可以通过光线的筛选进行重聚焦，来实现像点的清晰成像。

光场成像的本质是全息成像的硬件传感器实现，为未来遥感手段智能化做出贡献。经过近 5 年努力，光场相机的成像距离已经由几十厘米提高到十几米，未来需要在光学和电学深化，扩展到航空领域，进而在航天领域应用。

## 5.5　遥感对象-手段贯通：破解天-地断点

遥感对象地表与遥感手段传感器是遥感过程自动化贯通的天地断点，必须突破该瓶颈。具体包括三个步骤[76, 142]：

(1) 基于定标场的地理校正标尺模型构建

通过地面靶标实现遥感影像 DN(Digital Number)与真实地物 $L$(Land)校正标尺模型，如式(5.12)：

$$\mathrm{DN} = KL + g \tag{5.12}$$

式中，$k$，$g$ 为地表成像校正参数，此即以光电参量作为黑箱校正地物影像偏差(图 5.12)。

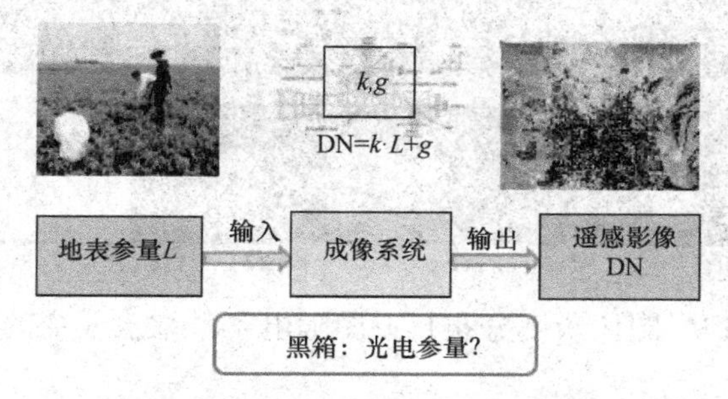


图 5.12 影像 DN 和地物 $L$ 的校正关系

由此建立了辐射-空间-光谱分辨率误差关联机理过程模型，并在 5nm 分辨率下获得 0.3nm 光谱定标精度，实现定标精度高于分辨率一个量级。

(2) 遥感仪器光电参量分解模型与影像序列物理贯通

遥感影像 DN 值与光电传感器六大主要参数(具体参数见图 5.13)相关，此即数字图像传感器的物理基础。

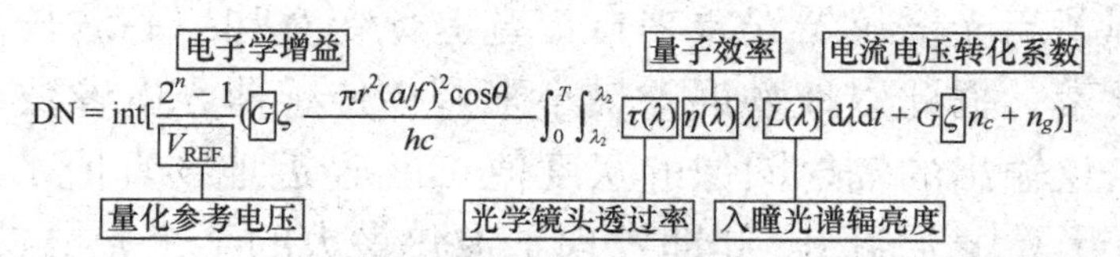


图 5.13 光学遥感成像系统辐射定标地学-光电参量转换分解模型

由此，调整任意物理参数，可以得到遥感强度(灰度级)序列变换图，据此选定的最佳影像确定了相应光电参数值，实现了影像序列与光电参量的物理贯通，如图 5.14。

(3) 基于地学基尺的光电参数有效适配及仪器工业化

联立仪器参数方程与地理校正标尺方程，如式(5.13)：

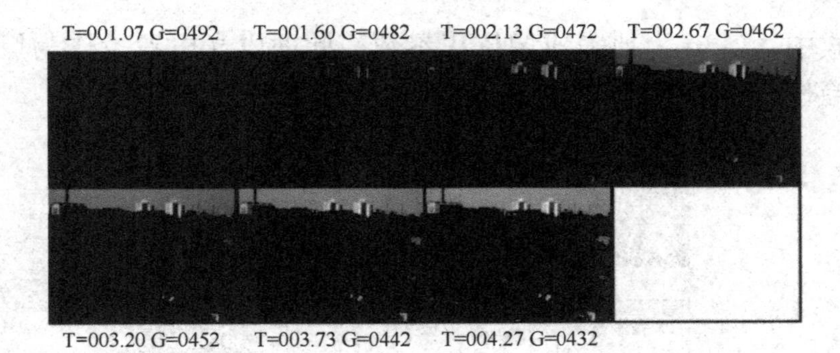


图 5.14　图像灰度分布直方图随电子学增益改变的变化

$$\begin{cases} \mathrm{DN} = k \cdot L + b \\ \mathrm{DN} = \mathrm{int}\left[\dfrac{2^n - 1}{V_{\mathrm{REF}}}\left(G\zeta \dfrac{\pi r^2 (a/f)^2 \cos\theta}{hc} \displaystyle\int_0^T \int_{\lambda_2}^{\lambda_1} \tau(\lambda)\eta(\lambda)\lambda L(\lambda)\mathrm{d}\lambda \mathrm{d}t + G\zeta n_c + n_g\right)\right] \end{cases} \tag{5.13}$$

两者通过数字影像 DN 值的等效，建立起基于地学参量标尺与 6 类光电参数的贯通模型。由此用于高光谱遥感仪器性能退化跟踪监测，进一步地分解到 6 类光电参数，发现了高光谱仪器误差来自带宽退化变宽和中心波长偏移两要素。据此以地物误差最小来调整传感器光电参数，使光谱仪输出的辐射图像的灰度值 DN 逼近地物真值 $L$，即 $k$ 逼近 1，$g$ 逼近 0，此即发现了退化最大的某个光电参数，为仪器光电参数和性能改进提供了指导。

上述原理方法已被推广应用于中国科学院长春光机所、西安光机所、上海技物所等的遥感载荷研制、性能退化监测及光电参数改进，从传感器参数源头消除了地物校正标尺的地学误差。由此发展了相关新型仪器，奠定了地学参量需求为牵引下高品质遥感仪器工业化的物理基础。

## 5.6　遥感手段-处理贯通：实时动态控制

聚焦于无人机遥感组网的实时性要素的控制方法。无人机遥感组网实时动态高效控制受限于硬件断点和软件处理瓶颈，地学遥感-成像传感器参量传递控制技术破解了硬件断点的问题，显著提升了精度；极坐标几何处理解决稀疏阵-精度-效率问题和软件硬件化实时处理技术则有效解决了软件处理瓶颈的问题，提高了处理速度。在硬件断点和软件处理瓶颈的问题都被解决后，组网冗余容错技术则保障了无人机遥感组网实时动态高效控制。由此实现高分辨率和实时性两大要素的柔性统一，为无人机遥感组网的实际应用奠定了控制论基础[143]。

1) 无人机遥感实时自动化组网的冗余容错控制方法

无人机遥感组网要实现自动化控制，包括两个方面的内容：其一是冗余容错，即无人机组网互为备份、互为冗余，解决有和无的问题；其二是最优控制，即在不同的应用情形下的控制策略，解决好和坏的问题。这里首先解决无人机遥感组网的冗余容错技术，并通过组网系统部署和冗余容错的系统重构测试，进行实飞验证，为未来最优控制技术应用奠定基础。

整个系统的正常运行的条件如下：①三种模式均正常工作，即图 5.15 中的 1, 2, 3 条通道信息在误差允许的范围内都是完全正确的；②三种模式中的任何两种模式都能正常工作。当仅有一条通道正常工作时，该系统开始变得不可靠，三条通道无法判断哪一条通路在正常工作，所以此时系统是不可靠的。因此，该三通道冗余系统具有两次发现故障，一次排除故障并进行容错的能力。

以三条通道获取的数据为例来介绍该三通道冗余系统的算法原理，如图 5.15 所示。

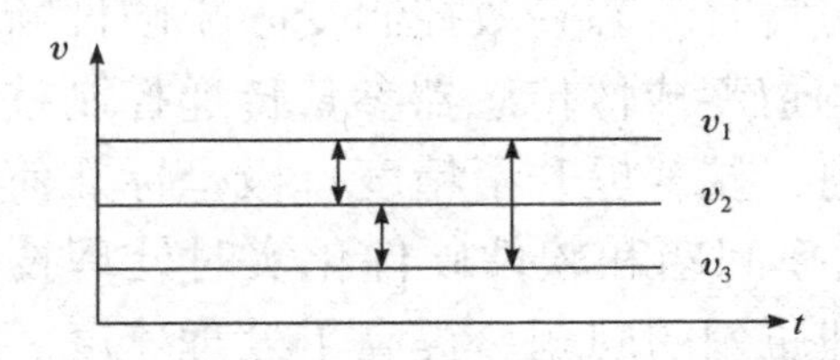


图 5.15　三条通道信息的反馈示意图

图中 $v_1$，$v_2$，$v_3$ 分别代表三条通道得到的信息反馈数据，通过这些输入参数来判断三条通道中的某一条通道是否出现故障，当通过传感器获取到三条通道得到的信息数据时，构成算式：

$$\Delta v_1 = v_1 - v_2 \tag{5.14}$$

$$\Delta v_2 = v_2 - v_3 \tag{5.15}$$

$$\Delta v_3 = v_3 - v_1 \tag{5.16}$$

三条通道得到的数据之间的两两作差，图中 $v_2$ 和 $v_3$ 之间的距离表示第二条通道和第三条通道数据作差得到的结果；$v_1$ 和 $v_2$ 之间的距离表示第一条通道和第二条通道数据作差得到的结果；$v_1$ 和 $v_3$ 之间的距离表示第三条通道和第一条通道数据作差得到的结果。

然后三条通道的数据两两作差得到的结果的绝对值和提前设定好的故障阈值 $k$ 做比较，当 $|\Delta v_{\text{i}}| < k(i=1,2,3)$ 时，三条通道反馈数据均正常，此时系统处于正常状态。

以第三条反馈通道的数据 $v_3$ 出现故障为例，如图 5.16 所示。

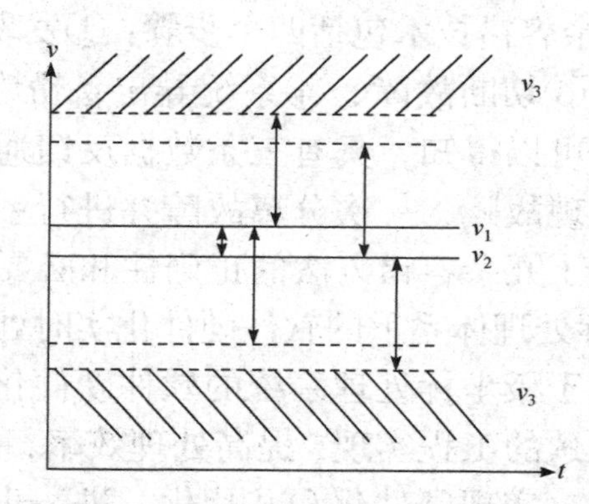


图 5.16　第三条通道出现故障示意图

当第三条反馈通道得到的数据相较另外两条通道数据出现过大或者过小时，也就是说，与另外两条通道的数据作差得到的结果大于故障阈值：

$$|\Delta v_1| = |v_1 - v_2| < k \tag{5.17}$$

$$|\Delta v_2| = |v_2 - v_3| > k \tag{5.18}$$

$$|\Delta v_3| = |v_3 - v_1| > k \tag{5.19}$$

从图中可以得到，第三条反馈通道得到的数据 $v_3$ 远远偏离另外两条反馈数据通道。故第三条反馈通道故障，应当及时切除 $v_3$ 故障。

现在得到的反馈输出只有 $v_1$，$v_2$。若 $|\Delta v_1| = |v_1 - v_2| > k$，此时第一反馈通道和第二反馈通道的差值超过了故障阈值 $k$，这说明两者中有一个反馈输出出现了问题，这样该系统就具备了第二次发现故障的能力，但是此时系统无法得知

是哪一个出现了故障，可能是第一反馈通道，也可能是第二反馈通道，所以无法分离故障，也就无法进行系统重构。

因此，冗余容错技术包括四个步骤：①发现故障；②确定故障原因；③切断故障；④系统导出备份(冗余)工作流程。综合以上可以得知，具有三条数据反馈通道的容错系统具有两次发现故障，一次分离故障并进行系统重构的能力。实飞验证了冗余容错方法的正确性和必要性。

2) 极坐标处理体系下的软件硬件化实时处理工程方法

本节聚焦于极坐标处理系统的软件硬件化问题。对应着软件处理瓶颈的工程实现，提高处理效率，并保障精度，通过固化软件，实现硬件化和芯片化，进一步实现快速迅捷的遥感数据机上处理，跨越对地观测技术瓶颈。以此构建无人机影像数据快捷处理系统，实现遥感数据机上实时处理[144-148]。

面向海量遥感数据快捷处理需求，将比较耗时的特征点提取软件进行硬件化加速，将加速处理的特征点数据传递给 PC 平台下的极坐标光束法平差，以求在保证特征点提取的精度前提下提高无人机遥感影像处理效率，以此构建无人机影像数据快捷处理系统[149-153]。

无人机拍摄的遥感影像通过数字传输设备发送给地面接收器并进行图像的存储。面对大量的遥感数据，串口通信的方式难以保证传输效率，因此地面图像接收器需要通过网络接口的方式与本研究 DSP 硬件加速平台进行连接，以实现快速的图像传输。DSP 硬件平台实现对传输影像的特征点快速提取，也可通过网络接口传回地面，用于后续极坐标平差使用。

测试基于硬件加速的无人飞行器遥感数据临场快速处理技术，实验流程如图 5.17 所示。

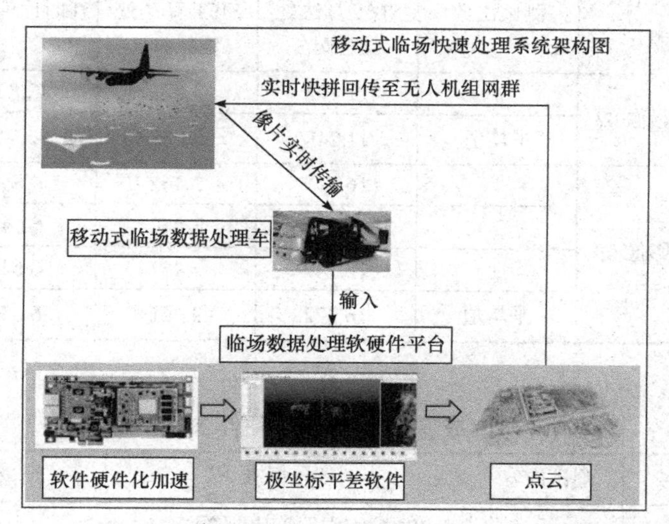


图 5.17　基于硬件加速的无人飞行器遥感数据临场快速处理技术

国家计量院对软件硬件化的性能展开测试，测试项目结果见表 5.3，测试结论见表 5.4。

**表 5.3　图像 SITF 处理耗时比值测试结果**

| 测试用图像文件编号 | 测试次数 | 处理程序 SIFT 算法处理耗时/s | DSP 处理器 SIFT 算法处理耗时/s | 耗时比值/(s/s) |
|---|---|---|---|---|
| 遥感影像 01 | 1 | 18.866 | 2.319 | 8.135 |
| | 2 | 19.004 | 2.324 | 8.177 |
| | 3 | 18.842 | 2.323 | 8.111 |
| | 平均值 | 18.904 | 2.322 | 8.141 |
| 遥感影像 02 | 1 | 11.307 | 0.871 | 12.982 |
| | 2 | 11.245 | 0.871 | 12.910 |

续表

| 测试用图像文件编号 | 测试次数 | 处理程序SIFT算法处理耗时/s | DSP处理器SIFT算法处理耗时/s | 耗时比值/(s/s) |
|---|---|---|---|---|
| 遥感影像02 | 3 | 11.192 | 0.871 | 12.850 |
| | 平均值 | 11.248 | 0.871 | 12.914 |
| 遥感影像03 | 1 | 16.411 | 2.462 | 6.666 |
| | 2 | 16.357 | 2.462 | 6.644 |
| | 3 | 16.349 | 2.461 | 6.643 |
| | 平均值 | 16.372 | 2.462 | 6.651 |

**表5.4 遥感成像软件硬件化硬件加速测试结论**

| 序号 | 测试内容 | 评价标准 | 结论 |
|---|---|---|---|
| 1 | 测试功能 | DSP处理器可实现图像的SIFT算法处理功能，并将处理结果数据输出保存至调试计算机 | 通过 |
| 2 | 耗时比值测试 | 测试采用PC处理程序与采用DSP处理器对同一图像文件进行SIFT算法处理的耗时比值 | 测得最大比值为12.982s/s |

3) 在轨星上实时智能处理分析技术

在轨星上实时智能处理分析技术，可以实现分钟级甚至秒级的“从传感器到用户终端”的遥感应用，是提升未来遥感实时性如应急响应服务的热点和难点之一。

(1) 单星在轨星上实时智能处理分析技术

武汉大学牵头承担的国家重点研发计划专项“区域协同遥感监测与应急服务技术体系”对单星在轨星上实时智

能处理分析技术进行了深入研究。项目原型机在 JILIN-1 /2 试用，具备中波红外图像 500km$^2$/s 的在轨处理能力。星上处理速度快，地面接收到高温火点就能迅速实现人工核实(图 5.18)。该项技术为未来卫星遥感在轨处理奠定了基础。

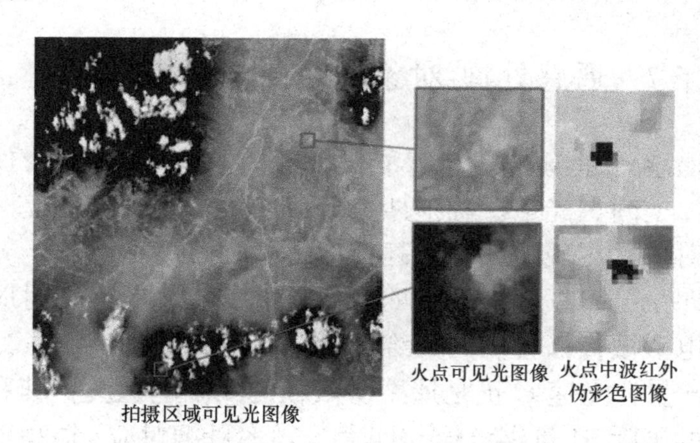


图 5.18　星载在轨处理获得的火点区域图像(2019 年 3 月 21 日)

(2) 多星组网在轨星上实时智能处理分析技术

目前国内外在轨星上实时智能处理技术集中在单星方面。这增加了软硬件集成的技术难度，也加大了卫星损坏造成的风险(如太空碎片撞击、恶意攻击、本身器件老化等不可控因素)，因此，提出基于多星组网在轨星上实时智能处理分析技术。

多星组网在轨星上实时智能处理可以包括三类星座：

遥感卫星星座。负责数据获取，利用通信模块与数据传输卫星星座相通，将数据传输给数据处理星座。

数据传输卫星星座。主要承担遥感数据中继传输，包括卫星之间、卫星与地面用户之间。

数据处理星座。搭载数据存储和多核在轨实时处理的高性能处理器，完成星载计算和数据在轨快速处理。

由于多星组网系统之间减少了数据传输延迟，同时又降低了单星损坏带来的业务中断风险，极大地增强了抗丢失能力，提高了系统的鲁棒性。

## 5.7 遥感处理-对象反馈：定量基准控制

遥感处理-遥感对象智能化贯通，是以遥感处理影像的时间、空间、光谱、辐射四大分辨率，经外场定标反馈到遥感对象，实现地表参数高精度解算和解译。

四个分辨率与电磁波四个要素的前三个要素相对应，是延电磁波传播方向的一维标量。以爱因斯坦能量公式 $E = mC^2$ 衡量，光速 $C$ 正是遥感所依赖的太阳电磁波，其右端对应的国际 SI 量纲恰恰与四大分辨率量纲对应；辐亮度定标转换模型理论，建立起了地表参量和遥感传感器光电参量映射联系；四大分辨率定标交叉映射关系理论，为追求地物几何性状的空间分辨率和地物物理化学性状的光谱辐射分辨率给出了客观规律性本质内涵[95]。因此，四大分辨率基准控制是遥感处理影像反馈到遥感对象高精度定量化应用的保障。

本节基于 5.5 节空间分辨率基准控制，阐述目前最薄弱的另外三个分辨率基准控制难点。

### 5.7.1 时间分辨率基准创建与控制方法

对遥感处理实时化应用而言，高频次迅捷就意味着高时间分辨率，其量化基础是时间分辨率定标。时间分辨率定义为拍摄相邻影像的时间间隔，但至今还未有成体系的定标手段。由此，形成一种基于车载移动靶标的遥感飞行平台时间分辨率定标方法，其步骤包括：

(1) 飞行平台如无人机与地面靶标之间按照设定方式运动，并获取无人机运动过程中拍摄的相邻两幅图像；通过图像中包含靶标的图像块的模糊分析获取该无人机与地面上靶标的相对运动速度 $v$、该无人机与该靶标相对运动的方向与水平方向相交所形成的锐角 $\theta$；然后对该相对运动速度 $v$ 进行分解，得到水平方向的分速度 $v_x$、竖直方向的分速度 $v_y$；将相邻两幅影像对应的分速度取平均值，得到 $\overline{v_x}$、$\overline{v_y}$。

(2) 取所述图像中所述靶标上的一标志点，确定该标志点在两幅相邻图像中的水平像素差 $S_x$ 和竖直像素差 $S_y$。

(3) 计算该无人机在水平方向上的时间分辨率为 $T_x = \dfrac{S_x}{\overline{v_x}}$、竖直方向上的时间分辨率 $T_y = \dfrac{S_y}{\overline{v_y}}$；取 $T_x$、$T_y$ 的平均值 $T$ 作为该无人机的遥感时间分辨率。

上述靶标包括固定靶标和两个移动靶标；对于每一靶标分别执行上述步骤(1)～(3)，当所述靶标为固定靶标时所得平均值 $T$ 记为 $T_0$、当所述靶标为第一移动靶标时所得平均值 $T$ 记为 $T_1$、当所述靶标为第二移动靶标时所得平均值 $T$ 记为 $T_2$，然后取 $T_0$、$T_1$ 和 $T_2$ 的平均值作为该飞行平台的遥感时间分辨率。

移动平台与第一移动靶标之间的运动方式包括相向运动、同向运动和垂直交叉运动；它们符合刚性体运动矢量运算机理。通过对运动模糊分析中的运动模糊靶标图像块进行取相位运算，得到其相位图像；然后对相位图像做自相关运算，得到其自相关图像；最后获取该自相关图像中的相邻两极值间隔 $s$，根据 $v = s/t$ 获得该相对运动速度 $v$，其中 $t$ 为曝光时间。

对时间分辨率的原理认识与发现，聚焦于高分辨率遥感实时性瓶颈问题破解，建立消除过度冗余、高效转换存储和直接三维成像新方法体系，该体系自动根据应用需求，实现不同时间尺度、不同复杂场景下的遥感智能控制。主要难点包括：

(1) 常规 3-2-3 维信息转换过冗余根源与仿生复眼 3-3-2 新机制。

现有的信息传递链路受到二维成像器件限制，使得必须将真实地表 3 维信息以 2 维方式获取、存储，其后又依托于计算机实现数字地球 3 维重建、显示，即现有空间信息遵循了 3-2-3 维传递过程的路径。对于遥感影像，压缩必须是无损的，有损压缩丢失细节信息，在 3-2-3 变换中必须数量级增大原有数据，才能保证 3 维重建的信息细节，导致数据过度冗余。

生物视觉通过两类传感器：一类是覆盖全视场的低分辨率 2 维蜂窝点阵简易传感器，另一类是在蜂窝点阵内的极少量的 2 维高分辨率传感器，此即所谓的生物复眼结构。当有 3 维对象在视野内时为 1，平时为 0，全部为 1 的传感器形成的轮廓 3 维点阵与对象轮廓相匹配时，轮廓内的极少的 2 维传感器查看细节，以判断捕获对象的真伪。因此，生物信息走了一条复杂 3 维目标到简易 3 维点阵(数据量减少 3～5 个量级)再到 2 维高分辨数据(信息过程由 3 维降到

2 维)的 3-3-2 信息萃取过程。由此破除信息过度冗余，形成仿生复眼新机制。

(2) 基于剖分-熵-基函数表征的数据实时处理理论与矢量矩阵方法。

(3) 基于单光路光场成像的 3-3 维信息实时转换理论与仿生视觉技术。

### 5.7.2　月球光 $10^{-8}$ 辐亮度基准创建的偏振验证

遥感信息高分辨率指标实现首先依赖各自基准。如表 5.5，空间、光谱、时间分辨率标准，我国都可以满足遥感应用需求，但辐亮度基准目前人工基准光源仅有 $10^{-3}$ 稳定度。而实际上，遥感数据点阵最多是高光谱数据为 3Bytes(1B 为波段数，2B 为灰度级)，即 $2^{24}$，约为 $1/10^6=10^{-6}$ 稳定度。作为基准，其灵敏度需要 $10^{-7}$ 量级。这对人工亮源来说无法实现。

**表 5.5　四大分辨率定标基准指标状况**

| 分辨率 | 辐射-亮度 | 几何-空间 | 光谱 | 时间 |
|---|---|---|---|---|
| 国际 | 可见光 2%<br>红外 0.2K | GeoEye0.41m | 4.9%～0.2nm | $10^9$Hz |
| 国内 | 可见光 6%<br>红外 1～1.5K | 资源三号 2.1m | 6%～0.5nm | $10^9$Hz |
| 定标基准 | 稳定度 $10^{-3}$ | $10^{-4}$m | $10^{-2}$nm | $10^{-14}$s |

美国地质勘探局(United States Geological Survey，USGS)估算了月球辐亮度达 $10^{-8}$ 稳定度，可以填补辐亮度基准空白。但其稳定度验证成为世界性难题：月光的高亮，

要求光学观测系统不能太灵敏以避免凝视饱和，但不灵敏无法观测证明 $10^{-8}$ 的超高稳定度。

偏振遥感成为中国独创的破解方法。2012 年美国 NOAA 的国家定标中心(National Calibration Center，NCC)引入中国偏振遥感观测月球光原理："强光弱化"避饱和，"弱光强化"测波动。由此在保障 Knowhow 前提下，中国推动了全球月球辐亮度基准探测合作，创立定标精度纳米量级时偏振效应观测模型，且可强化出极微弱信号的误差参量。相关观测如图 5.19 和图 5.20。

(a) 改造的北京怀柔基地偏振望远镜辅镜

(b) 美国NOAA月球观测镜

图 5.19 月球光的偏振观测设备

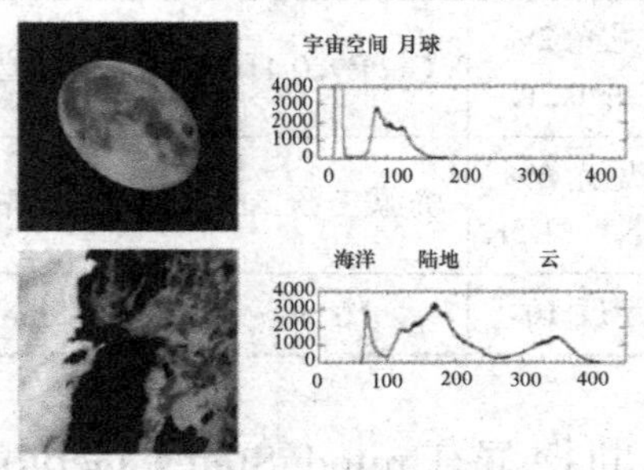


(a) 月球辐射特性图

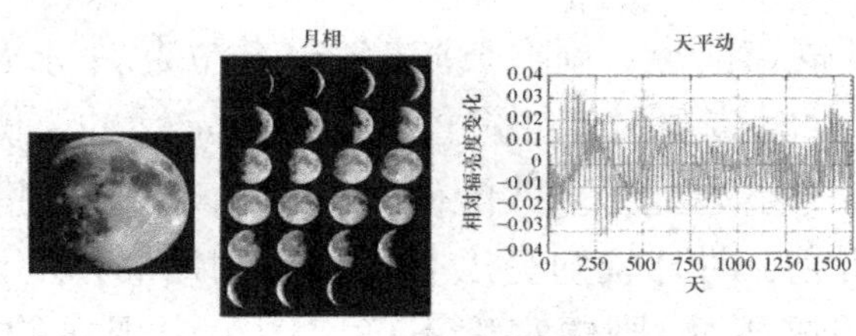


(b) 月球相位变化

图 5.20　月球光的辐射稳定度观测与填补辐亮度基准空白的尝试

中国团队基于 10 年前建立起来的中国-芬兰-美国“月不落”观测机制和信息自主原则，近 5 年基于国家外专局 SAFEA 国际顶尖团队合作项目保留了与芬兰测绘科学院的偏振遥感合作。在此基础上，独立开展了如下攻关：

(1) 月球辐射观测为对地观测卫星的自动辐射定标提供了新的方法，其不可比拟的表面反射能力的稳定度使其能够成为非常好的定标光源，并且有较高的精度和准确度。

(2) 月球的辐射通量在大多数成像仪器的范围之内，并且月球的反射辐射和发射辐射均可等效为包围月球的均匀低辐射目标(冷空间)，颜色较为柔和单一，因此证明了月球是一个潜在的理想的外定标辐射亮度基准。

(3) 在扣除地球反照与大气扰动效应的基础上，仪器观测得到的月球反射率数据仍然受到观测仪器可见光波段杂散信号的影响，因此必须剔除杂散信号引起的能量探测误差才能准确建立月球辐射亮度基准。

(4) 需要选择新的中立伙伴持续月不落观测，采集不同波段、不同月球相角条件下月球表面辐照度/辐亮度信息，获得长期连续的全天时对月观测数据。对不同地区数据的光谱匹配以及适应性进行研究。

(5) 在上述基础上，对仪器的杂散信号进行长时间序列的数学统计规律研究，剔除杂散信号，建立起月球辐照度/辐亮度基准，并对该辐射基准进行精度和稳定性的评价。包括：ROLO 模型与望远镜光谱匹配研究；可见光波段杂散信号自适应抑制研究；月球辐射亮度基准偏振测估的精度评价。

若证明该基准，则辐亮度不确定度可由现在的 7%提高至 1%以内；且光谱、几何成像精度本质是灰度图像能量精度即辐亮度，由此源头推动遥感辐射-光谱-空间(几何)定标的精度数量级的提升跨越。

### 5.7.3 光谱重构理论下的光谱分辨率基准控制

聚焦于高分辨率遥感谱段分离和像元混淆应用瓶颈，建立宽谱段、像元解混-重构的对偶理论，实现光谱分辨率基准控制。主要包括如下几方面。

(1) 多-高光谱转换机理的光谱重构理论

建立光谱性能第一个重要特征：多-高光谱关联的光谱可重构物理本质特征。具体包括：多-高光谱关联的光谱重构理论基础，给出其物理推导与表征；高光谱库的构建与归一化，给出光谱重构的数据基础；规格化多端元光谱分解，给出光谱重构的端元基础；光谱重构的机理与实验验证，给出光谱重构的丰度基础，并进行了实验验证。

(2) 可见-中/热红外反射-发射机理的光谱连续理论

建立光谱性能第二个重要特征：通过获取高精度的反射与发射光谱，可以有效地区分和识别不同的目标物。在中红外波段(3～5um)，物体的主要特性是反射与发射，而在热红外波段，物体就只有发射特性。本章首先介绍目前获取地物光谱成像的两种技术，并对其适用性进行了分析；

通过中红外的反射与发射分离理论，探讨反射与发射的一般算法，同时介绍中红外地表发射率反演的具体方法，完成中红外反射与发射率分离；并进一步将波段拓展到热红外波段完成宽波段的研究，进行多波段热红外的发射率反演一般算法的探讨，然后对热红外多波段利用温度发射率分离方法进行发射率计算，完成热红外发射率的反演。

(3) 基于光谱重构和连续理论的像元解混模型方法

建立光谱性能第三个重要特征：混合像元与光谱重构对偶特征与解混的模型理论方法。混合像元的解混是多光谱和高光谱遥感图像的高精度地物分类及地面目标检测的核心难点和痛点。基于光谱重构和光谱可变机理对像元解混模型理论及实验方法进行具体阐述[154]。具体包括：像元解混的基本理论与方法，从像元解混的本源，以及光谱重构的逆过程给出数学物理推导；中/热红外数据支持下的像元解混，结合中/长波红外数据对解混对象进行检索，降低需要解混的范围和运算量；全色图像支持下的高光谱像元解混，以全新的方法，将高空间分辨率的全色数据与高光谱分辨率的高光谱数据进行融合；成像仪光谱可编程手段及解混支撑手段，为像元解混提供了可变光谱分辨率的数据基础，从硬件角度解决光谱可编程问题。

## 5.8　遥感输入-输出贯通：偏振矢量控制

光学遥感以电磁波与地表相互作用来揭示地表及地球科学的物理、化学属性的。电磁波含有强度、相位、频率和偏振四个基本参量。其中的强度、相位和频率这三个参量包含在电磁波传播方向的标量方程里，各自有其稳定的物理特征和单一的标量量纲，奠定了常规遥感学的发展基础，形成了遥感四大分辨率即空间、光谱、辐射和时间分辨率，并得到广泛应用。

偏振作为太阳电磁波的第四个参量，且偏振分辨率作为遥感第五大分辨率，具有二维矢量特征。偏振矢量控制是基于太阳电磁波非均衡辐射特征本质，破解定量遥感的光源激励等系统误差，提高定量反演水平[155-157]。

1) 遥感第五大分辨率-二维偏振矢量四个特征

遥感第五大分辨率-二维偏振矢量分辨率，具有四个显著特征：

(1) 偏振可以作为一个独立的二维矢量观测变量，比单个标量参量含义更丰富。

(2) 偏振参量反映了电磁波横波矢量的本质，可探索常规遥感四大分辨率与偏振矢量分辨率的统一表达，构建偏振、强度、相位和频率的完整光学遥感矢量体系。

(3) 太阳电磁波是贯穿遥感过程的三个阶段大气、地表、观测仪器的唯一载体，可以探索偏振参量如何使三个阶段为统一的光学物理量纲，为一体自动化的模型构建奠定基础。

(4) 偏振效应为从灰度级分辨率向光量子偏振分辨率水平深化提供了理论可能性。

2) 光量子精度水平下遥感矢量控制基础

常规遥感研究主要利用电磁波的光强信息，是一种标量信息方法，进行“一景一像”的遥感信息获取，偏振矢量化遥感方法在常规遥感影像基础上扩大了信息量(如图 5.21 和表 5.6 所示)，使得遥感能够利用的信息成倍增长，服务于定量反演精度的光量子跨越。

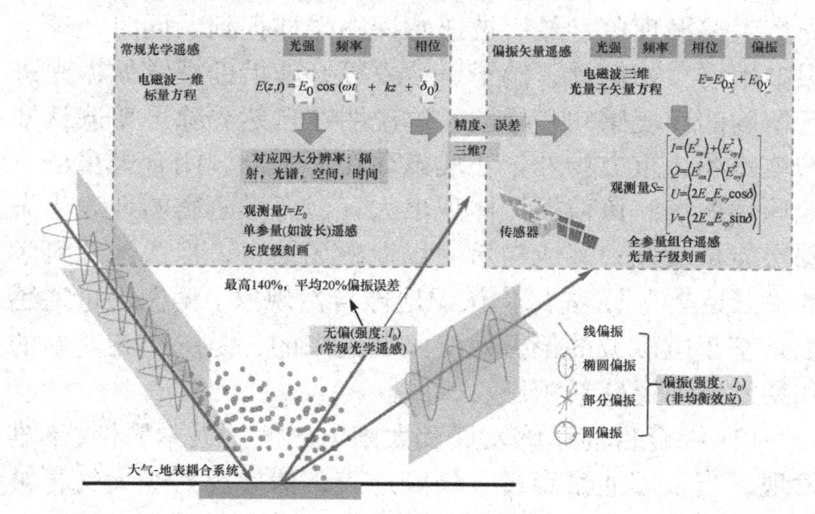


图 5.21　偏振遥感分辨率及矢量特征

**表 5.6　偏振遥感与常规光学遥感比较**

| | 常规光学 | 非均衡偏振光 |
|---|---|---|
| 电磁波 | 标量 | 横波矢量 |
| 方程 | 一维 | 三维 |
| 观测量 | 强度 $I$，波长，相位 | 波长，相位，I、Q、U、V |
| 刻画级别 | 灰度级<br>$10^2$～$10^3$ 光量子 | 光量子级<br>偏振角，入射角 |

3) 偏振矢量遥感与常规光学遥感的差异关联

我国 30 余年偏振遥感在大气地表、传感器、信息三环节全面的研究经验，表明：

(1) 在太阳辐射能量进入日-地-月近地空间以及地球地气圈层时，会受到高层大气以及宇宙尘埃、大气粒子、地表等的折射、散射和反射的影响，使得非偏振态的太阳光产生偏振现象，最后被遥感探测器捕捉到。同时地球上很多生物，如蝙蝠、鸽子、沙蚁等，能借助视觉偏振光进行精确的环境感知和导航。这说明在自然界除了普遍认知的地磁场、重力场外，还应该存在一个全域闭合矢量场—地球偏振场。该偏振场体现出大气、海洋蒸腾与地表生态圈层能量交互；甚或与重力场地磁场结合，形成地球科学的“三足鼎立”，去深化认识地球自然现象。偏振矢量遥感也是基于电磁波的偏振效应发展起来的，是一个相对新的和待发展的遥感新领域。

(2) 综合目前遥感发展及太阳电磁波的根本属性，不难发现，当太阳能量穿过大气到地表，然后反射经大气再被探测器观测到的整个过程中，出现了非均衡辐射衰减效应，并和大气、地表和仪器进行相互作用[158]。而常规标量遥感手段并未考虑太阳辐射在此过程中产生的偏振效应，不可避免地产生以下三个瓶颈问题：

问题一：在光源入射端未深入探讨光的大气耦合偏振效应。

问题二：在地表光中未深入探讨地物立体多次折返偏振效应。

问题三：未深入探讨传感器段的折射散射偏振效应。

以上三个问题制约着定量遥感向更高精度的发展，使得目前遥感的病态反演问题未能得到可靠的解决，已成为遥感地学观测领域发展的一个关键性问题。

## 5.9　遥感最后一公里：时空理化信息融合

作为国之重器，遥感在国民经济建设的诸多行业部门发挥着越来越重要的作用，例如国家测绘、安全与健康、城市规划、交通运输、农业、能源、林业、国土与矿产资源、海洋、环保和灾害应急等。也就是说，遥感作为社会经济发展的千里眼，最终目标是实现遥感信息在国民经济建设中的监测应用。实际上，遥感过程控制，就是围绕遥感信息最终可用好用的目标，开展遥感对象、遥感手段、遥感处理的信息形成的全部过程，构成遥感应用信息的两个特征：其一是信息的时空矢量三维特征，其二是信息具有观测对象的物理化学性状；二者互相独立但又不可分割，共同支撑构成了服务于国民经济主战场的可用遥感信息，才能落实空间信息“最后一公里”的全面应用。

本章的 5.1、5.4、5.5 和 5.6 节主要服务于遥感信息的时空矢量三维构建，本质上用于解答遥感对象的 What；本章的 5.2、5.3、5.7 和 5.8 节主要服务于遥感信息的观测对象物理化学性状特征构建，本质上用于解答遥感对象的 Why。哲学上看，What 是结构形式，Why 是物理内涵，两者结合实现了遥感对象分析的形式和内容的统一。终极的遥感应用应该是这两类特性信息的智能化融合，才能使遥感最终目标即遥感应用的“最后一公里”全面落地，难度大，但必须突破，且价值无可限量。

这里，遥感全面应用的“最后一公里”智能化融合方法，以深度学习-神经网络作为麻省理工学院评选的十大突破性现代技术之首，是实现该目标的一个重要工具[159]。

### 5.9.1 遥感对象 What 解析：时空矢量三维重建

遥感全面应用“最后一公里”落地的空间信息特征之一：由真实三维转换到计算机的数字地球三维的时空矢量特征，实际上解译了遥感对象的 What 结构特征。本章有四节，即章节 5.1、5.4、5.5 和 5.6 节服务于此。在 5.1 节，通过不同时间尺度场景融合的遥感过程控制方法、多时空分辨率遥感过程控制下尺度效应剔除、通导遥技术一体化的过程控制实现方法和遥感过程控制的七项工程四项技术解析方法，是实现面向智能化的遥感尺度和通导遥全过程控制基础。在 5.4 节，利用“光场单相机”三维“全息”一次成像传感器技术实现从芯片到图像传感器的新技术，直接获取空间三维信息。在 5.5 节，通过建立破解天地断点的物理方法，实现遥感对象-手段的智能化贯通。在 5.6 节，采用无人机遥感实时自动化组网的冗余容错控制方法、极坐标处理体系下的软件硬件化实时处理工程方法和在轨星上实时智能处理分析技术，实现遥感手段-处理智能化的贯通。通过这 4 节的技术可以从遥感影像中快速重建出三维特征，最终将真实三维世界迁移到数字地球的三维上去，实现三维遥感信息应用。

三维遥感应用的前提是准确、快速、实时地对遥感影像进行三维重建，而实现遥感影像特征的智能提取和匹配以及为遥感影像相对定向是未来应用的基础，也是核心。近年来，深度学习，特别是卷积神经网络，已被用作目标检测和识别任务的一种有效方法，并且显著地提高了目标检测和识别的性能。其次，海量无序的遥感影像的三维重建过程非常耗时，如果采用穷举匹配，那么整个过程的计算复杂度约为 $O(n^2)$，其中 $n$ 为影像数。目前的三维重建技术主要是 sfm[160]和 nerf[161](采用了和 sfm 截然不同的思想，无须匹配和平差)，但其重建效率距离满足未来三维遥感应用的需求相差甚远，尤其在卫星的三维遥感应用中尤为突出[162]。最底层的瓶颈是：遥感影像在获取过程中损失了很多信息，尤其是深度和语义信息，常规的做法是从后端依靠算法来预测这些信息。在未来，除了完善现有技术外，更应该打破思想壁垒，独辟蹊径。

遥感信息时空矢量三维智能重建(即地表观测对象的结构特征 What)未来的重要方向和热点为：

(1) 3-3 维的“全息”一次成像；

(2) 在三维重建的思想理论上，应该探究更多的可能性，比如摆脱欧式空间的束缚，在角度空间来表达和处理空间信息；

(3) 破解天地断点的物理方法，实现遥感对象-手段的智能化贯通；

(4) 在轨实时智能处理分析技术，实现遥感手段-处理智能化的贯通；

(5) 在数字地球上支持实景三维数字中国建设。

### 5.9.2　遥感对象 Why 解析：地表语义信息解译

遥感全面应用“最后一公里”落地的空间信息特征之二：从地表物理化学性状中解析语义信息，实际上回答了遥感对象 Why 的本质物理特征。本章有 4 节，即章节 5.2、5.3、5.7 和 5.8 节服务于此。在 5.2 节，通过静电陀螺 ESG 惯性基准下相对论效应及光波激励精度极限影响、GP-B 项目 ESG 卫星惯性基准独立研制基础来评估验证遥感光波精度极限。在 5.3 节，通过探究多角度物理特征下被动光学及与主动微波探测的异同、多光谱化学特征下矢量横波与标量纵波的全参量感知体系、粗糙度-密度结构特征下对地-对天观测独特效能、高信号背景反差比的特征下“强光弱化弱光强化”辨识力和非均衡辐射传输能量特征下三维光量子探测力，来刻画遥感对象-地表与太阳电磁波相互作用定量化新特征。在 5.7 节，通过对空间(几何)分辨率基准控制、时间分辨率基准控制、光谱分辨率基准控制和辐射分辨率基准控制，来实现实时动态控制的新技术，实现遥感手段-处理智能化的贯通。在 5.8 节，通过研究遥感第五大分辨率(即二维偏振矢量)的 4 个特征、光量子精度水平下遥感矢量控制基础和偏振矢量遥感与常规光学遥感的差异关联，来实现偏振分辨率矢量控制，最终实现遥感输入-输出智能化闭环贯通。通过这 4 节的技术可以从遥感影像中解译出地表的物理化学性状(图 5.22)。从信息学角度，就是语义信息。

深度学习技术的出现，人工解译和分类变为自动定量化解译和分类，但目前的应用结果还是无法摆脱人类的干预校正，且尺度效应的存在使得大范围的定量化难以实现。原因 1 是深度学习技术的局限性，原因 2 是未考虑光源的偏振非均衡特性，原因 3 是仅依赖于电磁波谱与地表的交互作用来理解影像物理化学性质存在局限性。

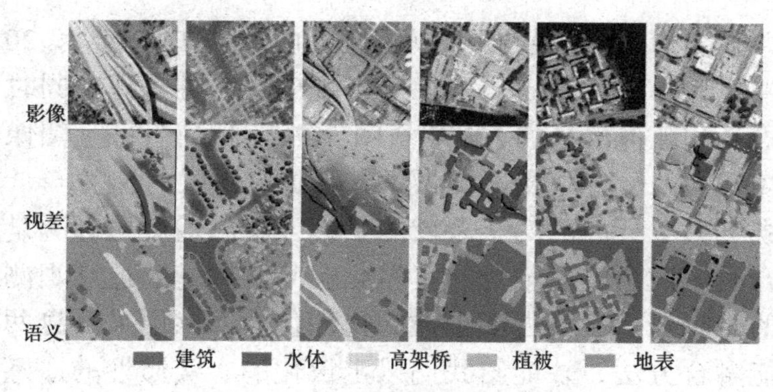


图 5.22　遥感影像的语义重建

遥感信息具有地物物理化学性状特征(即地表观测对象的物理化学本质特征 Why)，遥感信息未来的研究热点为：

(1) 通过对时间分辨率基准控制、光谱分辨率基准控制，来实现实时动态控制的新技术，实现遥感手段-处理智能化的贯通；

(2) 利用偏振二维分辨率来刻画遥感对象-地表与太阳电磁波相互作用定量化新特征，实现偏振分辨率矢量控制，最终实现遥感输入-输出智能化闭环贯通；

(3) 在新型城市建设和规划中，对城市范围内的人、事件、基础设施和环境等要素全面感知、实时动态识别和快速目标提取，为智慧城市建设提供更多有价值的信息，例如违章建筑监管、废弃物管理、交通治理和城市安防等场景。

### 5.9.3　遥感最后一公里落地：三维-语义相融合

遥感时空矢量三维信息智能重建与地表物理化学性状的语义信息智能解译(即遥感观测对象的 What 和 Why 特征)目前都做得比较好了。但到目前为止，它们两者是各自独立进步的，这就限制了空间信息的更大更广泛应用。2012年牛津大学的 Ladicky 等第一次提出在三维重建中同时考虑语义和几何信息的方法[163](图 5.23)。这就打破了图像的立体几何匹配源自摄影测量学、图像的语义分割源自计算机视觉人工智能的两个领域的学科界限。遥感摄影测量成像开始了这个技术融合的实际突破[164]，即基于遥感观测对象的时空矢量三维智能重建和物理化学性状语义信息两者智能融合方法，才能给我们以定量化的、实质性的遥感落地终极应用方案。由此，遥感科学技术作为国之重器，才有可能承担起服务于国家“四个面向”目标的历史使命，即面向世界科技前沿、面向国民经济主战场、面向国家重大需求和面向人民生命健康，进而在诸如俄乌冲突等世界重大变局中，在粮食安全，能源问题，低碳减排、重大疾病应对等人类未来可持续发展的问题中提供科技支撑强力手段。

图 5.23　遥感影像的语义三维重建

服务于遥感应用“最后一公里”的遥感信息三维-语义信息智能融合的重要方向和热点主要包括：

(1) 遥感智能化信息融合技术体系的建立；

(2) 遥感智能化信息应用领域的落地；

(3) 遥感过程智能化控制体系的落地。

例如遥感过程三维矢量化及物理全参数感知体系、遥感过程的智能一体(自动)化及控制理论体系、遥感过程的智能定量化及技术标准体系、遥感过程的智能实时化及组网方法体系、遥感过程智能化构建及产业体系等智能化架构。

由此，遥感的过程控制和智能化才能落地到遥感应用的最后一公里上，产生难以估量的社会经济效益。

# 第6章 “四个面向”的遥感过程智能化体系构建与展望

习近平总书记在2020年9月11日的科学家座谈会强调，希望广大科学家和科技工作者肩负起历史责任，坚持面向世界科技前沿、面向经济主战场、面向国家重大需求、面向人民生命健康，不断向科学技术广度和深度进军。在“四个面向”的需求牵引之下，结合遥感的总体发展和遥感应用最后一公里的落地，将遥感信息Π形结构的两大支柱即时空矢量三维信息和对象的物理化学性状影像信息融合为一体，进而实现遥感智能化的具体技术构建。就此不仅能对遥感过程的每一个独立环节进行深入研究，还能对各环节之间的连接与反馈机制进行顶层设计；这是遥感智能化中二者缺一不可的技术内涵[18]。

## 6.1 面向世界科技前沿的遥感智能控制体系

遥感是航空航天、精密仪器、信息处理等高新技术的交叉与汇集，遥感数据的实时处理长期服务于社会经济发展的动态监测，因此遥感本身就是世界科技前沿领域。20世纪末，纳米科技、空间信息和基因工程等技术被列为21世纪最重要的几个前沿领域，体现了对于遥感及其过程控制前沿性的国际共识。为此，遥感科学技术前沿主要包括：

(1) 遥感过程控制，就是汇聚导航定位、遥感驱动电磁波光源这两个输入，贯通遥感对象、遥感手段和遥感处理三个环节，并经过定标和数据反馈，实现地表解译的闭环伺服随动控制；

(2) 建立以遥感对象定量化、遥感手段自动化和遥感处理实时化为特征目标的技术体系，该体系符合遥感过程智能化的未来趋势。

由此，遥感过程的智能化本质是三维矢量化及物理全参数的自动感知，其智能化控制系统要素归纳如图 6.1 所示。该系统以遥感从需求到产出的正向传递过程控制为主线，以数据处理向平台端前移为反馈，其构成如 6.2 节，旨在实现遥感过程的智能一体(自动)化；6.3 节对应智能定量化；6.4 节对应智能实时化。只有将这些遥感过程全部连接为反馈闭环系统，取代遥感过程控制中人的因素，方能实现遥感过程智能化。

遥感过程中自然光源变化较大，通过深入研究太阳光的非均衡偏振特性来探讨光学遥感过程的智能定量化，虽然复杂，但相对全面。因此，光学遥感智能一体(自动化)与实时化的技术内涵，也可以适用于红外，LiDAR，SAR 等主动遥感过程。

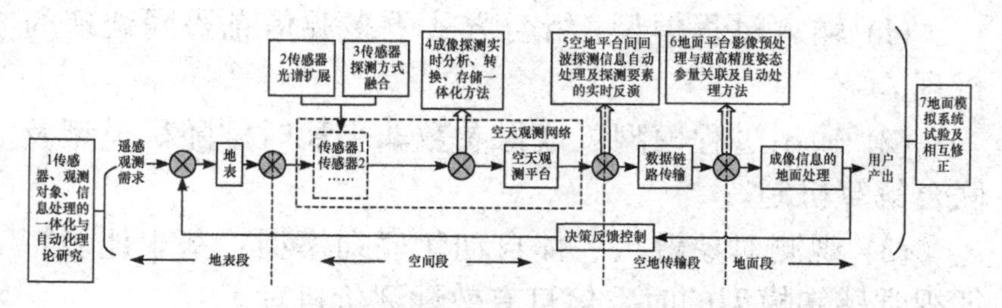

图 6.1　遥感智能化过程的时空反馈控制系统

## 6.2　面向国民经济主战场的自动化智能遥感

本节介绍遥感智能一体(自动)化-农业粮食安全遥感控制案例。

农业粮食安全是我国面向国民经济主战场的最重要基础环节，是国家安全的保障。我国耕地面积12172万公顷，耕地总量在世界各国中排名第四位，习近平总书记曾经说过“十几亿人口要吃饭，这是我国最大的国情”。因此，对农业生产全过程实现有效的遥感监测与服务，即全过程自动一体化的控制成为农业生产安全的技术保障。农业粮食安全从养地、播撒、施肥、病虫害防治、抗旱抗涝、长势监测到最后的收获，是一个全过程的遥感自动一体化工作。图 6.2 为基于粮食安全的遥感过程智能一体(自动)化及控制系统框图，即开展地表对象—土壤肥力(以3.4.1节为例)、播种监测、长势监测、施肥监测和病虫害监测等传感器、空天观测平台、信息处理一体自动化模型，是面向农业粮食安全的遥感过程智能化的模型基础。遥感智能一体(自动)化技术具体包含如下几方面。

(1) 输入过程模型：组合方式下多源信息协同处理的机理。

(2) 输出过程模型：成像参数非平稳时空随机模型及联合解算机制。

(3) 观测对象融入一体自动化序列模型：基于地表特征视觉感知模型的时空信息有效性评价机理。

(4) 传感器融入一体自动化序列模型：空天观测网络柔性组合优化原理与方法。

(5) 消除人工环节：包含在观测对象、传感器、数据处理过程，开展时空闭环控制模拟及观测目标(如突发性重大灾害)对空天传感器重构的反馈控制仿真。

(6) 以空天观测数据作为输入，以有效性评价作为输出，实现系统的反馈控制。在此基础上，对系统进行时域和频域的分析、静态特性和动态特性分析以及系统稳定性分析，并对控制系统进行优化。

(7) 建立地球观测时空反馈控制模型仿真平台，为空天载荷的定制和对地观测系统的实时智能化提供支撑。

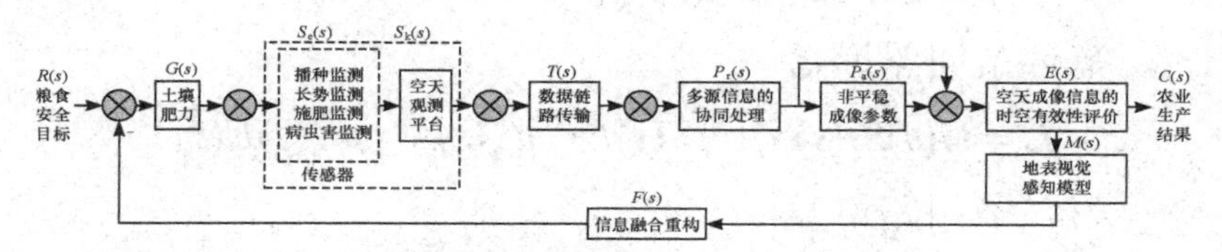


图 6.2 面向农业粮食安全监测的遥感过程智能一体(自动)化框图

在图 6.2 中，所有函数表达都在 $R(s)$为系统输入的农业粮食安全监测需求；$C(s)$为最后的系统输出的粮食估产结果；中间经过土壤肥力 $G(s)$，播种监测、长势监测、施肥监测、病虫害监测和防旱防涝监测等各个传感器 $S_e(s)$及空天观测平台 $S_k(s)$，形成输入环节；从天上到地下，需要经过数据链路传输 $T(s)$，对获得的信息进行多源信息的协同处理 $P_r(s)$；非平稳成像参数 $P_a(s)$经过观测对象的融入，以及空天成像信息的时空有效性评价 $E(s)$，并结合地表视觉模型 $M(s)$和信息融合重构 $F(s)$的负反馈调节系统，最后达到用户/决策者 $C(s)$。各个参数的含义备注如下：需求

(Requirement，R)，地表(Ground，G)，传感器(Sensor，Se)，空天观测平台(Sky，Sk)，数据链路传输(Transmission，T)，多源信息的协同处理(Processing，Pr)，非平稳成像参数(Parameter，Pa)，空间成像信息的时空有效性评价(Evaluate，E)，地表视觉感知模型(Model，M)，信息融合重构(Fusion，F)，用户(Consumer，C)。利用梅森公式求解传递函数如下：

第一条前向通路增益

$$P_1 = G(s)S_e(s)S_k(s)T(s)P_r(s)P_a(s)E(s)$$

第二条前向通路增益

$$P_2 = G(s)S_e(s)S_k(s)T(s)P_r(s)E(s)$$

第一条回路增益

$$L_1 = G(s)S_e(s)S_k(s)T(s)P_r(s)P_a(s)E(s)M(s)F(s)$$

第二条回路增益

$$L_2 = G(s)S_e(s)S_k(s)T(s)P_r(s)E(s)M(s)F(s)$$

得到遥感过程自动化的传递函数为：

$$\begin{aligned}\frac{C(s)}{R(s)} &= \frac{\sum_{k=1}^{2} P_k \Delta_k}{\Delta} = \frac{P_1 + P_2}{1-(L_1+L_2)} \\ &= \frac{G(s)S_e(s)S_k(s)T(s)P_r(s)P_a(s)E(s)+G(s)S_e(s)S_k(s)T(s)P_r(s)E(s)}{1+G(s)S_e(s)S_k(s)T(s)P_r(s)P_a(s)E(s)M(s)F(s)+G(s)S_e(s)S_k(s)T(s)P_r(s)E(s)M(s)F(s)}\end{aligned} \tag{6-1}$$

在面向农业粮食安全的遥感过程中，由于涉及的环节较多，若能利用智能一体化技术将人类解放出来，实现从人工→机械化→自动化→智能的遥感手段化的迈进，将实现全面实时的农业信息管理，服务于精准农业的控制和粮食优质输出。

与此类似，国民经济主战场的生态建设、森林覆盖、新农村建设、城市发展等都呼吁着相关领域过程控制智能一体(自动)化技术实现。

## 6.3 面向国家重大需求的定量化智能遥感

低碳与能源安全是国家重大需求中最重要最迫切的两个要素，需要利用遥感智能定量化技术监测实现。智能定量化主要落脚于遥感对象即地表过程控制。实际上，地表反射光学信息被传感器捕获，其定量化信息的物理载体是以不同分辨率的传感器感知的，因此其精密探测程度直接决定了电磁波五个分辨率的精准度；即以波长为参量的精密探测反映地物影像的宽谱段特征，以特殊谱段为引导的近地空间探测和地下浅层的探测效果。

### 6.3.1 基于低碳减排监测的传感器光谱智能扩展

本节介绍智能定量化1-低碳减排多类型植被生态的遥感监测控制案例。

低碳减排包含很多指标，其中一个重要指标是植被覆盖度，需要用遥感过程的智能定量化技术来评估，其中的光谱技术尤为重要。采用定量化技术分析的结果中，温室气体效应这一重大命题指标极有可能被高估(第5.3.5节)，这样一个庞大的系统所产生的负面效果将极其巨大，甚至相关的决策是与正确方法相反的。它之所以不准确，最重要的原因之一就是无法实现智能定量化控制。因此，在诸如低碳生态和能源开放利用等国家重大需求中，迫切呼吁引入不可替代的智能定量化技术。智能定量化技术是对低碳植被实现有效遥感过程控制的前提。面向低碳植被的重大需求，卫星气象监测、土壤水分监测、地面沙尘监测、森林 NEP 估测、植被 NPP 估算、光能利用率估算等是一个全过程。图 6.3 为基于低碳植被的遥感智能定量化过程的时空反馈控制系统框图，即以主动探测方法为例，探索具有更多确定参量，可智能化选择、扩展、填充、缩放谱段的成像新方法，为今后用户对不同类型植被生物低碳需求驱动的智能定量化光谱成像设备的研制奠定物理基础。

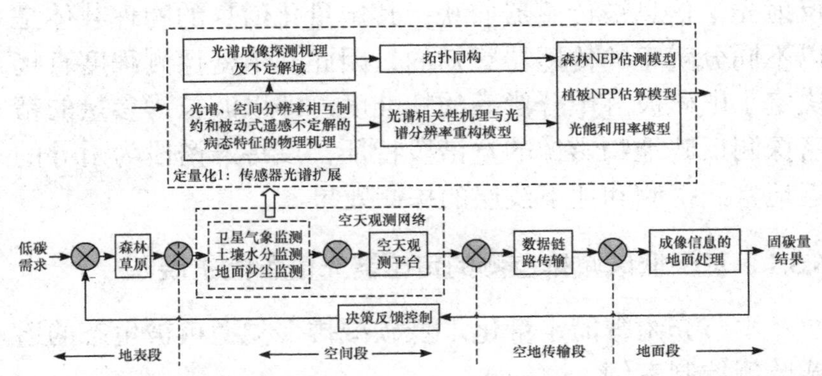


图 6.3　基于低碳减排植被生态监测的遥感过程(智能定量化例 1)

智能定量化 1 具体包含：

(1) 复杂地物波谱组合探测的原因：光谱、空间分辨率相互制约和被动式遥感不定解的病态特征的物理机理。

(2) 波谱混合的可控选择：基于可调谐单频激光源的主动式光谱成像探测机理及不定解域。

(3) 波谱混合的可控移植：基于白光激光光源的主动光谱成像探测类相似性机理及谱段扩展不定解域的拓扑同构。

(4) 波谱填充的可控缩放：基于高空间分辨率条件下的光谱相关性机理与光谱分辨率重构模型。

(5) 观测对象驱动的智能感知：基于成像光谱扩展和重构的新型传感器波谱构建森林 NEP 估测模型、植被 NPP 估算模型和光能利用率模型，助力实现碳达峰和碳中和。

在基于低碳植被的遥感过程中，由于涉及的环节较多，若将智能定量化技术应用于各个环节，将助力实现我国低碳环保、节能减排、碳达峰和碳中和各环节局部目标分解和局部目标实现，将国家重大战略部署落实落地。

### 6.3.2 基于能源安全监测的传感器探测智能融合

本节介绍智能定量化 2-能源安全保护利用遥感监测控制案例。

能源保护利用包含矿产等不可再生能源，以及风能、光能和电能等清洁再生能源的使用和开发。这些能源资源在全国多个行政区域、不同类型地理地貌中形成了广大、复杂、多样的分布，且国土资源调查与开发存在分布地域广、类型不统一、时空演进复杂，人工调查几乎不可能。因此，对我国重要能源分布实现有效的遥感过程观测与评估，智能定量化技术是前提。进而，基于能源保护的重大需求，生产状态监测、矿山损毁监测、灾害隐患监测等是一个全过程。图 6.4 为基于矿产和新型能源监测的遥感智能定量化时空反馈控制系统框图，即研究 THz 和超低频这两个谱段的一体化效应。超低频常用于深地深海探测，而 THz 常用于探测地磁效应对空天的影响，超低频探测的是地下，例如矿山能源；而 THz 主要探测的是天上，例如风能和太阳光伏电能的清洁新兴能源，构成天地探测回路。THz 谱段位于微波与红外谱段之间，可用光学成像手段，也可用微波手段来实现探测。通过研究 THz 谱段可以建立两种探测手段之间的联系，探索新的对地观测手段，进而研究不同探测手段的融会贯通机理。超低频谱段位于电磁波谱的极低端，具有很多现有成熟探测谱段不具有的特点，是对地观测技术亟待研究和扩展的手段之一。利用超低频探测手段，可研究它与地球观测常规手段的时频转换映射关系以及特殊谱段扩展映射的理论模型，为丰富对地观测手段提供物理试验手段，同时为研究广义合成孔径探测手段提供基础。

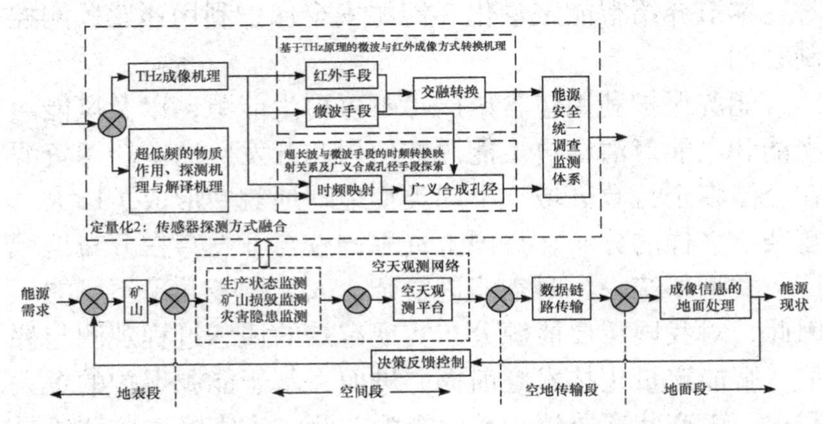


图 6.4　基于矿产与新型风光能源监测的遥感过程(智能定量化 例 2)

智能定量化 2 具体包含：

(1) 新的典型成像手段探索：例如微波与红外谱段之间的 THz 成像探测机理及试验环境搭建。

(2) 两大类成像手段互补：基于 THz 探测原理的微波

与红外成像方式转换机理。

(3) 超长波成像手段探索：基于超低频电磁波的物质作用、探测机理及解译方法。

(4) 广域谱段成像方式延伸：超长波与微波手段的时频转换映射关系及广义合成孔径手段探索。

(5) 传感器物理手段驱动的智能感知：探测方式融合与特殊谱段扩展映射的理论基础、矿产资源统一调查监测体系。

在基于能源安全开发与保护的遥感过程中，由于涉及的环节较多，若将智能定量化技术应用于各个环节，将助力我国重要能源目标和植被、水体、耕地、一般建筑物等典型地面覆盖的高可靠自动解译与提取，构建能源区域时空演进回归与预测模型，揭示资源开发区土地覆盖的时空动态与驱动机制，分析能源周边地区发展的理论潜力和地理潜力。

### 6.3.3 服务于遥感智能定量化的技术标准体系

技术标准体系是遥感智能化的重要保障，以服务于观测对象定量化控制为出发点。包括：

(1) 遥感过程智能一体化控制技术标准体系。

(2) 观测对象智能导航定位技术标准体系。

(3) 观测对象电磁光波三维激励的五类智能分辨率及观测对象物理化学特征技术标准体系。

(4) 决定定量化的智能全参数矢量反演技术标准体系。

(5) 影响定量化的智能感知标准体系，智能处理标准体系等。

## 6.4　面向人民生命健康的实时化智能遥感

人民生命安全健康作为现代社会发展的基本保障，更是基于“四个面向”开展科技工作的最重要目标。如公共安全事故、重大疾病和自然灾害发生时，群众生命救援和健康保障刻不容缓。对事故和灾害的实时响应和快速处理能最大限度避免生命和财产损失，进而提升人民生活的安全感和幸福感。本节以危害最大、波及面最广的群体安全事件，目前世界范围影响极大的 COVID-19 病毒传播和地震灾害为例，介绍遥感过程智能实时化及组网方法体系的构建与实现。智能实时化也是遥感信息星上在轨、机上实时处理所必要的，包括信息获取、空地平台和位置姿态平台的智能实时化控制。

### 6.4.1　基于群体安全事故的遥感智能信息获取

本节介绍智能实时化 1，即群体安全事故实时响应的遥感监测控制案例。

2014 年 12 月 31 日，上海浦东的游客市民聚集活动上发生重大拥挤踩踏事件，造成 36 人死亡，49 人受伤，造成了重大社会影响。类似踩踏事件的群体安全事故，若在发生前实时判断并引导分流、发生时实时疏导和组织救援，则能避免此类事件发生或大大减小事故发生后的生命财产损失。这类问题的出现目前依靠纯人力的方式实现响应，没有预判和真正有效的实时监测体系。这一问题的解决需要各类传感器同步监测和多源数据有效融合，而目前的遍布的道路监控设备、红外摄像设备和用户的手机终端等，均是可以有效利用并融合的信息源。而基于多源传感器数据的实时预判、引流和事故发生后的实时响应，需要智能化过程控制理论。本书 4.6 节介绍的极坐标矢量数据实时处理体系和 4.7 节介绍的数字影像最简高效处理控制已经提供了遥感地理信息数据的快速处理的数学物理方法基础，其与过程控制的结合能够实现群体安全事故的实时响应。在遥感智能化过程的时空反馈控制系统中，第三个环节智能实时化在群体突发公共安全事故方面应用的框图如图 6.5 所示，即研究如何从原理上缓解并跨越基于受 2 维成像存储介质限制的 3 维真实世界成像-2 维存储-3 维计算机数字地球再现的信息转换传递 3-2-3 过程及串行处理方

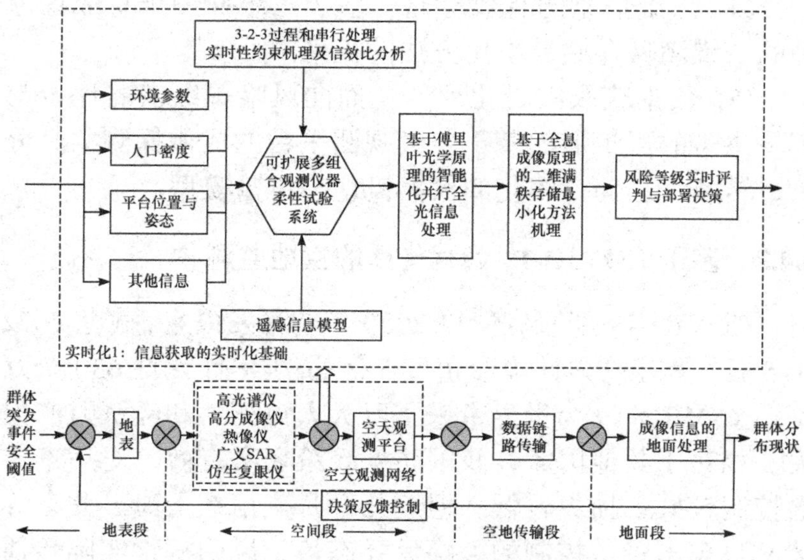


图 6.5 基于群体突发公共安全事件监测的遥感过程

(智能实时化 例 1)

式等对实时性的约束问题，是突破对地观测实时化数据处理瓶颈的有效手段。如此，考虑成数量级地提升系统的有效性和实时性，为发展和研制下一代成像、探测仪器奠定理论基础。

具体包含：

(1) 数据传递实时性的制约：事故信息传递 3-2-3 过程和串行处理方式的实时性约束机理及信息效率比分析。

(2) 高分辨率成像的有效控制：基于仿生复眼轮廓表征模式的多源传感器事故(如踩踏)要素(环境、人口密度、传感器位姿等)快速探测与响应机理。

(3) 信息传递的并行手段：基于傅里叶光学原理的智能化并行全光信息存储、压缩与传输机理。

(4) 三维信息的有效存储：基于三维探测全息成像原理的二维满秩存储最小化方法的机理。

(5) 数据获取实时化评价：面向风险等级实时评价与部署决策的可扩展的基于空天观测平台的成像探测实时分析、转换、存储一体化的仪器机理与传输模型。

### 6.4.2 基于 COVID-19 病毒传播的空地监测

COVID-19 新冠疫情自 2020 年初暴发以来，截至 2022 年 5 月，全球已累计确诊超过 5 亿病例(累计死亡 630 余万例)。COVID-19 为世界带来了巨大人口死亡和经济财产损失。相对于其他国家，我国防疫政策切实有效，对病毒传播控制较好，损失较低；但近几个月疫情在上海、北京等地又呈现出难以控制的大幅反弹态势，说明病毒实际传播速度极快，其根本原因在于其传染性大幅增强。研究表明

COVID-19 系列病毒容易通过空气(气溶胶)传播，且传播条件非常宽松(2～3m 范围)，因此需要对其传播途径实现实时局地监测，构建模型，给出正确的应对策略；不同变异病毒都需要采取这样的空气传播局地遥感实时监测，以期指导全社会有效地预防隐患。本书 4.2 节介绍的地球天空光偏振矢量场在大气模式、大气污染和大气粒子监测方面均已建立相对成熟的光路大气传输过程控制模型方法，将其与 COVID-19 气溶胶传播监测的重大疾病空气传播过程相结合，并实现智能实时化过程监测，为病毒的实时监测提供有效模型控制的解决方案。在遥感智能化过程的时空反馈控制系统中，数据处理环节智能实时化在 COVID-19 气溶胶传播监测方面应用的框图如图 6.6 所示，即研究以病毒空间分布信息和气溶胶载体信息在空天平台实时处理问题，为地表信息对空天平台信息反馈控制的实现手段提供基础。

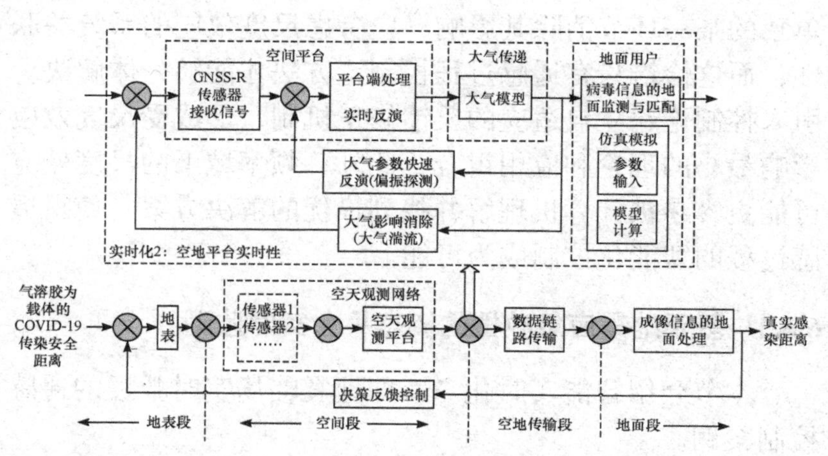


图 6.6 基于 COVID-19 空气传播监测的遥感过程(智能实时化 例 2)

具体包含：

(1) 实时化探测：基于 GNSS-R 双基雷达微波探测机理及回波信号空天平台端快速捕获。

(2) 介质作用：基于偏振遥感机理的高精度大气参数实时获取及对探测要素反演的影响机理。

(3) 介质作用降低：大气流动对探测信号影响机理及快速成像方式消除大气湍流的机理与方法。

(4) 空天平台实时化处理：空天平台回波信息与地面平台 COVID-19 病毒分布观测信息匹配处理全流程仿真测试及控制模型建立。

图 6.6 所示的智能实时化监测控制框架还可适用于台风、海面赤潮等大规模自然灾害与环境污染的监测应用。此外，上述内容需考虑时空的尺度效应。例如，不同空间、时间尺度下对 GNSS-R 风场的反演结果会出现较大的差异，这种差异体现在了遥感过程中的每一个环节，很难在单独的某一环节消除其影响，应考虑尺度效应的系统关联性，而这恰恰只有遥感过程控制论方法才能够一体解决。引入控制论建立自适应的反馈修正机制，形成受尺度效应影响最小的理论和应用组合。此外，频率域下的尺度效应可能更容易被计算机理解并找到最优的解决方案，使得遥感过程的智能化控制成为可能。

### 6.4.3 基于地震应急救援的姿态平台实时监测

本节介绍智能实时化 3，即地震临场实时救援的遥感控制案例。

2014 年 8 月 3 日，云南鲁甸发生 6.5 级地震。我国武警基于航空遥感空间信息进行了临场实时决策指挥救援，实现大型地震灾害救援人员零死亡[76]。该救援体现了临场实时过程控制与决策对自然灾害救援抢险的有效性和对降低救援过程产生的生命财产损失的决定性作用。本书第 5.6 节介绍的实时动态控制技术中包含的冗余容错控制方法和极坐标体系下的软件硬件化实时处理工程方法，已经解决了临场实时处理和决策过程的关键技术难点；基于此，将地震救援任务与动态控制技术结合形成闭环过程控制反馈，可以为常态化的临场实时地震救援提供解决方案。在遥感智能实时化过程的时空反馈控制系统中，基于鲁甸地震的临场实时救援经验提出的智能实时化在自然灾害实时救援方面应用的框图如图 6.7 所示，并已用于本书第 3.5.2 节介绍的大型工业无人机系统在金沙江“死亡峡谷”精准飞行。研究受灾区域遥感图像在地面自动化批量处理和空天平台实时连续预处理问题，为智能实时化一体处理手段实现提供基础。

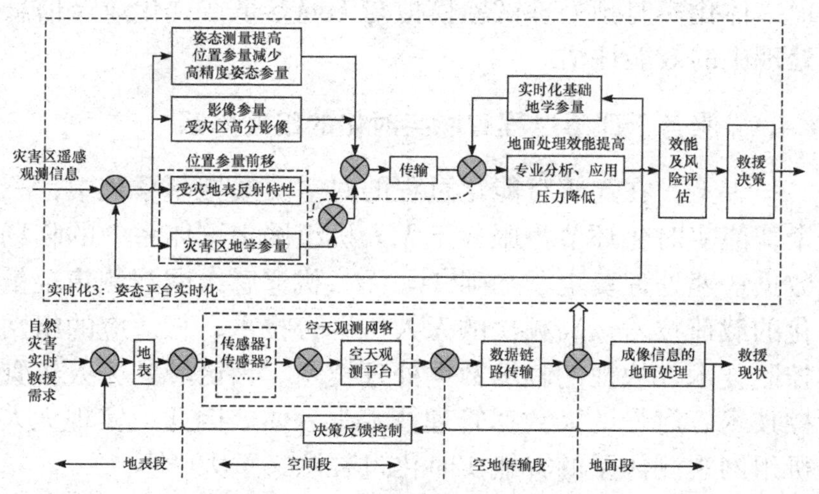


图 6.7 面向自然灾害实时救援的遥感过程(智能实时化 例 3)

具体包含：

(1) 实时化基础：姿态、位置参量对灾害区实时成像处理的物理约束及破解该瓶颈的多参量匹配融合理论。

(2) 姿态参量的提高：消除有限长光路和比例因子误差源的激光姿态元件的物理基础及实现角秒级绝对精度的机理。

(3) 位置参量的减少：基于数字式输出原理的周期细分高精度激光姿态系统原型搭建及降低成像处理约束的模型机理。

(4) 位置参量的前移：基于全域灾害地学参量提取(如地震土方量估算)和地物反射效应(如灾害区地表反射特性)的位置参量前移理论及与姿态参量在探测平台的融合。

(5) 影像参量：基于全域灾害地学参量二维扩展和连续成像观测的景象匹配特征点高精度参量理论。

(6) 图像处理实时化：基于平台端成像信息的星、空、地一体化实时预处理试验模拟与无缝参量在优化成像信息处理中的效能评估。

### 6.4.4　服务于遥感过程智能实时化的组网体系

综上，在遥感智能化过程的时空反馈控制系统中，三个智能实时化环节为服务于无人机组网观测体系中的临场数据快速处理奠定了基础[76]。无人机遥感组网观测集轻量化的载荷技术、高频次的无人机平台技术、自适应的组网控制技术、快捷的临场数据处理技术、大区域的无人机管控技术、海量的大数据管理技术为一体。因此，实现无人机组网观测体系的智能实时化过程意义重大[165]。

## 6.5 服务于国家四个面向的遥感智能产业

国家的科技工作导向正在驶入面向世界科技前沿、面向国民经济主战场、面向国家重大需求、面向人民生命健康的快车道。“四个面向”的需求，体现了遥感过程全参数矢量智能控制监测体系的建设时不我待。这样的体系建设，依赖于智能一体(自动)化、智能定量化和智能实时化的技术实现，进而有望实现未来的遥感智能化产业体系[166]，如图 6.8 所示。主要体现在：

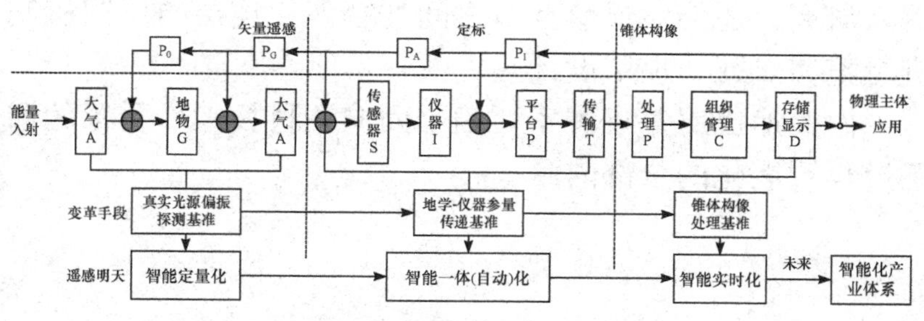


图 6.8 遥感过程智能化构建及产业体系关系

(1) 基于电磁矢量光波入射-反射遥感观测对象地表过程中，建立以真实光源偏振探测基准，实现遥感过程的智能定量化的重大应用；

(2) 基于电磁矢量光波地表反射-入射空间观测传感器-平台手段过程，建立地表-仪器参量贯通基准，实现遥感过程智能一体(自动)化的重大应用；

(3) 基于地表-传感器光路的锥体构像过程，建立极坐标动态处理基准和高精度定位基准，实现智能实时化的重大应用；

(4) 链接上述三个智能化环节后，再将尺度效应等复杂的不确定性因素加入到反馈控制系统，就形成遥感智能化的产业体系，代表着遥感的未来和明天[167]。

控制论虽是一门工程学科，但它折射出的系统论方法非常有助于解决遥感复杂巨系统中的不确定性，而这种不确定性在遥感的智能定量化中尤为明显。除了尺度效应外，还可以将已发现的或未知的不确定因素加入到整个遥感过程控制中，建立反馈修正机制，实现遥感过程的自动化闭环，是实现智能化遥感的一条必然路径。

此时，不仅能对遥感智能化过程的每个独立环节进行深入研究，还能对遥感环节之间的智能化连接与反馈机制进行整体研究、顶层设计。

由此形成服务于国家“四个面向”科技工作目标的遥感过程智能化的全部内涵。

# 致　谢

遥感依据导航定位和电磁激励光波 2 个输入源，涉及观测对象地学过程、观测手段光电转换过程-观测处理信息萃取过程 3 个环节；只有依次链通、贯穿并闭环于这几个量纲不同的学科领域，才有望实现遥感自动化定量化实时化根本效能落地，并服务于智能化未来。

致谢中国信息与电子工程科技发展战略研究中心立题专家们和初稿形成期间的团队奉献。2021 年 12 月当接到《遥感过程控制与智能化专题》约稿撰写任务时，我们深知遥感作为国之重器阐述清楚这五个要素的巨大压力和时代使命。我们 3 位作者通过与余少华院士等专家请教学习，反复磋商确定了题目和一二级标题；随后，我们团队十余人放下手中所有工作，经几个月埋头苦干于 2022 年 3 月底拿出初稿。

致谢 3 个多月修改过程中院士、专家指点。其一，从遥感地学应用多层次需求出发，逐个拜访征求了遥感地学与应用的童庆禧、陈军、郭仁忠院士，廖小罕、史文中、李培军、施建成、周国清、马秋禾、郭庆华、范大昭、吴树范、法文哲、覃建旗、焦子锑、唐家奎等专家，纠正片面，最大限度地确保了遥感需求牵引和领域发展主流方向的代表性和准确性；尤其感谢江碧涛院士给出了详细的遥感平台与信息方面的系统性建议。其二，向《中国电子信息工程科技发展研究（综合篇 2020—2021）》的光学工程、测量计量与仪器、感知（传感器）和感知（遥感）、网络与通信、控制/自动化五个方向的相关起草专家征求了修改意见，由此帮助我们在学科交叉的端口正确把关并尽可能保持有效严谨的措辞。其三，在余少华院士把关下，经过五轮全面修改查重，重复率在 3.9%；去除团队自身引用，重复率在 2.6%，确保了源头创新的中国特色。其四，经提请学部常委会公示与修改意见征集，及国务院学位办 2022 年刚刚批准的与集成电路、智能科技并列的遥感科学与技术一级交叉学科（理、工科）的建立，提升了本专题在国家战略地位的进一步认知与共识。其五，整个团队 20 余稿的一遍遍深化修改，并落实了所有专家的每一个意见建议，还向各位专家给出了修改回复。

致谢出版。感谢中国信息与电子工程科技发展战略研究中心资助出版。感谢中国遥感应用协会将本书作为协会 25 周岁庆典年的标志性原创基础成果向业内和国家国防科工局的重点推介，感谢中国遥感委员会对本书的提前预订。

希望此专题著作可以成为我国遥感科技发展与战略规划的重要参考，成为我国遥感科学与技术独立自主、源头创新的基础支点，成为遥感科技队伍解放思想、领军人才成长成熟的重要启迪。

作者：晏磊，卫征，张子晗

完笔于 2022 年北京大学一塔湖图仲夏旁遥感楼柳荫藤蔓岁月缠绕的静谧中

# 参 考 文 献

[1] 梅安新, 彭望琭, 秦其明, 等. 遥感导论 [M]. 北京: 高等教育出版社, 2001.

[2] 龚惠兴, 李德仁, 姜景山, 等. 中国电子信息工程科技发展研究(综合篇 2020-2021)专题三: 感知-遥感/传感器 [M]. 北京: 科学出版社, 2021.

[3] 姜会林, 许祖彦, 刘泽金, 等. 中国电子信息工程科技发展研究(综合篇 2020-2021)专题二: 光学工程 [M]. 北京: 科学出版社, 2021.

[4] 彭望琭. 遥感与图像解译 [M]. 北京: 电子工业出版社, 2016.

[5] Chander G, Markham B L, Helder D L. Summary of current radiometric calibration coefficients for Landsat MSS, TM, ETM+, and EO-1 ALI sensors[J]. Remote Sensing of Environment, 2009, 113(5): 893-903.

[6] Wong K W. Geometric and cartographic accuracy of ERTS-1 imagery [J]. Photogrammetric Engineering and Remote Sensing, 1975, 41(5): 621-635.

[7] Sheffner E J. The Landsat program: recent history and prospects [J]. Photogrammetric Engineering and Remote Sensing, 1994, 60(6): 735-744.

[8] Courtois M, Weill G. The SPOT satellite system [J]. IN: Monitoring Earth's Ocean, 1985: 493-523.

[9] Andersen O B, Knudsen P. Global marine gravity field from the ERS - 1 and Geosat geodetic mission altimetry[J]. Journal of Geophysical Research: Oceans, 1998, 103(C4): 8129-8137.

[10] Yamaguchi Y, Tsu H, Sato I. Japanese mission overview of JERS and ASTER programs[C]. International Society for Optics and Photonics Orlando, FL, United States, 1991, 1490: 324-334.

[11] Kasturirangan K, Joseph G, Kalvanraman S, et al. IRS mission [J]. Current Science, 1991, 61(3-4): 136-151.

[12] Ovchinnikov M Y. Russian small satellites and means to launch[C]. Proceedings of the COSPAR Colloquia Series, F. Elsevier. Goslar, Germany, 1999, 10: 27-41.

[13] 孙伟伟, 杨刚, 陈超, 等. 中国地球观测遥感卫星发展现状及文献分析[J]. 遥感学报, 2020, 24(5): 479-510.

[14] 桂德竹, 张成成, 洪志刚. 我国航空遥感发展现状及若干建议[J]. 遥感信

息, 2013, 28(1): 119-122, 148.

[15] 郭双仁, 唐芝青. 平流层飞艇对地观测系统在遥感领域中的应用[J]. 国土资源导刊, 2020, 17(1): 79-81.

[16] Yan L, Yang B, Zhang F, et al. Polarization Remote Sensing Physics [M]. Berlin: Springer Nature, 2020.

[17] 柴天佑, 王天然, 桂卫华, 等. 中国电子信息工程科技发展研究(综合篇 2020-2021)专题十: 控制/自动化 [M]. 北京: 科学出版社, 2021.

[18] 晏磊, 赵海盟, 谭翔, 等. 遥感科学的控制论基础[M]. 北京: 国防工业出版社, 2021.

[19] 李小文, 王锦地, Strahler A. 尺度效应及几何光学模型用于尺度纠正[J]. 中国科学 E 辑: 技术科学, 2000, (S1): 12-17.

[20] Emery B, Camps A. Introduction to Satellite Remote Sensing: Atmosphere, Ocean, Land and Cryosphere Applications [M]. Amsterdam: Elsevier, 2017.

[21] Schwalb A. The Tiros-N/NOAA AG satellite series [J]. NASA STI/Recon Technical Report N, 1978, 79: 12135.

[22] Frouin R, Gautier C. Calibration of NOAA-7 AVHRR, GOES-5, and GOES-6 VISSR/VAS solar channels [J]. Remote Sensing of Environment, 1987, 22(1): 73-101.

[23] Zhou L, Divakarla M, Liu X. An overview of the Joint Polar Satellite System (JPSS) science data product calibration and validation [J]. Remote Sensing, 2016, 8(2): 139.

[24] 曹世博. 2017 年遥感卫星市场综述(下) [J]. 中国航天, 2018, (6): 73-78.

[25] 韩昌元. 近代高分辨地球成像商业卫星 [J]. 中国光学与应用光学, 2010, 3(3): 201-208.

[26] 姜琪, 代晶晶, 田淑芳. WorldView-3 单景影像去云处理对比研究 [J]. 测绘科学, 2021, 46(8): 141-147.

[27] Rodriguez A, Stuhlmann R, Tjemkes S, et al. Meteosat third generation: Mission and system concepts[C]. Proceedings of the Infrared Spaceborne Remote Sensing and Instrumentation XVII, F. SPIE San Diego, 2009, 7453: 88-97.

[28] Schmetz J, Pili P, Tjemkes S, et al. An introduction to Meteosat Second Generation (MSG) [J]. Bulletin of the American Meteorological Society, 2002, 83(7): 977-992.

[29] Blersch D J, Probert T C. Geostationary meteorological satellite systems-An overview [J]. Journal of Practical Applications in Space, 1991, 2(4): 1-13.

[30] Bessho K, Date K, Hayashi M, et al. An introduction to Himawari-8/9—Japan's new-generation geostationary meteorological satellites [J]. Journal of the Meteorological Society of Japan Ser II, 2016, 94(2): 151-183.

[31] Jacquemoud S, Baret F. Prospect-A model of leaf optical-properties spectra[J]. Remote Sensing of Environment, 1990, 34(2): 75-91.

[32] Feret J B, Francois C, Asner G P, et al. PROSPECT-4 and 5: Advances in the leaf optical properties model separating photosynthetic pigments [J]. Remote Sensing of Environment, 2008, 112(6): 3030-3043.

[33] Féret J B, Gitelson A A, Noble S D, et al. PROSPECT-D: Towards modeling leaf optical properties through a complete lifecycle [J]. Remote Sens Environ, 2017, 193: 204-215.

[34] Feret J B, Berger K, de Boissieu F, et al. PROSPECT-PRO for estimating content of nitrogen-containing leaf proteins and other carbon-based constituents[J]. Remote Sens Environ, 2021, 252: 112173.

[35] Gastellu-Etchegorry J P, Demarez V, Pinel V, et al. Modeling radiative transfer in heterogeneous 3-D vegetation canopies [J]. Remote Sens Environ, 1996, 58(2): 131-156.

[36] Wang Y J, Gastellu-Etchegorry J P. Accurate and fast simulation of remote sensing images at top of atmosphere with DART –Lux [J]. Remote Sens Environ, 2021, 256: 112311.

[37] Vermote E F, Tanre D, Deuze J L, et al. Second simulation of the satellite signal in the solar spectrum, 6S: An overview [J]. IEEE Transactions on Geoscience and Remote Sensing, 1997, 35(3): 675-686.

[38] Kotchenova S Y, Vermote E F, Matarrese R, et al. Validation of a vector version of the 6S radiative transfer code for atmospheric correction of satellite data. Part I: Path radiance [J]. Applied Optics, 2006, 45(26): 6762-6774.

[39] Knyazikhin Y, Martonchik J V, Myneni R B, et al. Synergistic algorithm for estimating vegetation canopy leaf area index and fraction of absorbed photosynthetically active radiation from MODIS and MISR data [J]. J Geophys Res-Atmos, 1998, 103(D24): 32257-32275.

[40] Yang W Z, Tan B, Huang D, et al. MODIS leaf area index products: From validation to algorithm improvement [J]. IEEE Transactions on Geoscience and Remote Sensing, 2006, 44(7): 1885-1898.

[41] Yan K, Park T, Yan G, et al. Evaluation of modis LAI/FPAR product collection 6. part 1: Consistency and improvements [J]. Remote Sensing, 2016, 8: 359-

375.

[42] Berger K, Verrelst J, Feret J B, et al. Retrieval of aboveground crop nitrogen content with a hybrid machine learning method [J]. International Journal of Applied Earth Observation and Geoinformation, 2020, 92: 102174.

[43] Verrelst J, Malenovský Z, van der Tol C, et al. Quantifying vegetation biophysical variables from imaging spectroscopy data: A review on retrieval methods [J]. Surveys in Geophysics, 2019, 40(3): 589-629.

[44] Berger K, Verrelst J, Feret J B, et al. Crop nitrogen monitoring: Recent progress and principal developments in the context of imaging spectroscopy missions [J]. Remote Sensing of Environment, 2020, 242: 111758.

[45] 肖艳芳. 植被理化参数反演的尺度效应与敏感性分析 [D]. 首都师范大学, 2013.

[46] Chen D, Stow D A, Gong P. Examining the effect of spatial resolution and texture window size on classification accuracy: An urban environment case[J]. International Journal of Remote Sensing, 2004, 25(11): 2177-2192.

[47] Moody A, Woodcock C E. Scale-dependent errors in the estimation of land-cover proportions-implications for global land-cover datasets[J]. Photogrammetric Engineering and Remote Sensing, 1994, 60(5): 585-594.

[48] Woodcock C E, Strahler A H. The factor of scale in remote-sensing [J]. Remote Sensing of Environment, 1987, 21(3): 311-332.

[49] Tian Y H, Wang Y J, Zhang Y, et al. Radiative transfer based scaling of LAI retrievals from reflectance data of different resolutions [J]. Remote Sensing of Environment, 2003, 84(1): 143-159.

[50] Friedl M A, Davis F W, Michaelsen J, et al. Scaling and uncertainty in the relationship between the NDVI and land surface biophysical variables: An analysis using a scene simulation model and data from FIFE [J]. Remote Sensing of Environment, 1995, 54(3): 233-246.

[51] 徐希孺, 范闻捷, 陶欣. 遥感反演连续植被叶面积指数的空间尺度效应[J]. 中国科学(D辑:地球科学), 2009, 39(1): 79-87.

[52] 王权, 高小明, 胡芬. 国外陆地遥感卫星投资模式及发展现状小探 [J]. 中国测绘, 2020, (4): 59-62.

[53] 汪文杰, 贾东宁, 许佳立, 等. 全球海洋遥感卫星发展综述 [J]. 测绘通报, 2020, (5): 1-6.

[54] 丁静, 唐军武, 林明森. MODIS水色遥感数据的获取与产品处理综述 [J]. 遥感技术与应用, 2003, (4): 263-268.

[55] 春水. 日本侦察卫星谋求监视全球 [J]. 太空探索, 2020, (3): 37-40.
[56] 王敏, 周树道, 何明元, 等. 国内外卫星遥感器辐射定标场地特性比较分析[J]. 测绘与空间地理信息, 2015, 38(7): 24-27.
[57] Brewin R J, Hardman-Mountford N J, Lavender S J, et al. An intercomparison of bio-optical techniques for detecting dominant phytoplankton size class from satellite remote sensing [J]. Remote Sensing of Environment, 2011, 115(2): 325-339.
[58] Geomatics P. PCI Geomatica User Guide [R]. 2005.
[59] Jinming W, Xiangyang Z. Putting up oblique photography real 3D data processing cluster using context capture [J]. Bulletin of Surveying and Mapping, 2021, (6): 103.
[60] Antunes B, Correia F, Gomes P. Context capture in software development [J]. arXiv preprint arXiv:11014101, 2011.
[61] Barbasiewicz A, Widerski T, Daliga K. The analysis of the accuracy of spatial models using photogrammetric software: Agisoft Photoscan and Pix4D[C]. Proceedings of the E3S Web of Conferences, F. EDP Sciences, 2018, 26: 00012.
[62] Firdaus M I, Rau JY. Comparisons of the three-dimensional model reconstructed using MicMac, PIX4D mapper and Photoscan Pro[C]. Proceedings of the 38th Asian Conference on Remote Sensing-Space Applications: Touching Human Lives, ACRS, F, 2017.
[63] Li X, Chen Z, Zhang L, et al. Construction and accuracy test of a 3D model of non-metric camera images using Agisoft PhotoScan [J]. Procedia Environmental Sciences, 2016, 36: 184-190.
[64] Berber M, Munjy R, Lopez J. Kinematic GNSS positioning results compared against Agisoft Metashape and Pix4dmapper results produced in the San Joaquin experimental range in Fresno County, California [J]. Journal of Geodetic Science, 2021, 11(1): 48-57.
[65] Ma D L, Cui J, Ding N. The making of digital orthophoto map based on INPHO[C]. Proceedings of the Applied Mechanics and Materials, F. Trans Tech Publ, 2011, 90: 2818-2821.
[66] Liba N, Järve I. Geometrical quality of an orthophotomosaic created with software Photomod[C]. Proceeding of 7th International Conference on Environmental Engineering, 2008, 25: 1366-1372.
[67] 姜海兰, 程诗宇, 龙竹, 等. 基于 PHOTOMOD 对不同类型航摄影像进行

空三加密的方法研究 [J]. 测绘与空间地理信息, 2020, 43(1): 10-13.
[68] 张养安, 李俊锋, 王蓬. 基于国内外遥感影像解译软件应用研究 [J]. 杨凌职业技术学院学报, 2014, 13(4): 24-27.
[69] 胡杰, 张莹, 谢仕义. 国产遥感影像分类技术应用研究进展综述 [J]. 计算机工程与应用, 2021, 57(3): 1-13.
[70] 师艳子, 李云松, 郑毓轩. 国内外卫星遥感数据源综述 [J]. 卫星与网络, 2018, (4): 54-58.
[71] 周珂, 杨永清, 张俨娜, 等. 光学遥感影像土地利用分类方法综述 [J]. 科学技术与工程, 2021, 21(32): 13603-13613.
[72] 陈建光. 国外卫星光学遥感器前沿技术发展探析 [J]. 国际太空, 2017, (10): 44-48.
[73] 沙治波, 俞越, 焦建超. 国外微纳遥感载荷技术最新进展 [J]. 航天返回与遥感, 2021, 42(5): 39-48.
[74] 夏亚茜, 方一帆, 李立. 国外卫星遥感应用标准情况综述 [J]. 卫星应用, 2014, (7): 34-38.
[75] 裴艳峰. 对地观测卫星数据接收调度系统的设计与实现 [D]. 西安电子科技大学, 2013.
[76] 晏磊, 廖小罕, 周成虎, 等. 中国无人机遥感技术突破与产业发展综述[J]. 地球信息科学学报, 2019, 21(4): 476-495.
[77] 陈良富, 闫珺, 范闻捷, 等. 《遥感学报》20 年: 从热点到前沿 [J]. 遥感学报, 2016, 20(5): 794-806.
[78] 廖小罕, 周成虎. 轻小型无人机遥感发展报告 [M]. 北京: 科学出版社, 2016.
[79] 王毅敏, 赵恒. 山西省区域农业遥感应用与发展[C]. 中国遥感应用协会 2010 年会暨区域遥感发展与产业高层论坛, 中国江苏南京, 2010.
[80] 童庆禧, 唐川, 励惠国. 腾冲航空遥感试验推陈出新 [J]. 地球信息科学, 1999, (1): 67-75.
[81] 柳钦火, 阎广建, 焦子锑, 等. 发展几何光学遥感建模理论,推动定量遥感科学前行——深切缅怀李小文院士 [J]. 遥感学报, 2019, 23(1): 1-10.
[82] 徐希孺, 范闻捷, 李举材, 等. 植被二向性反射统一模型 [J]. 中国科学: 地球科学, 2017, 47(2): 217-232.
[83] 晏磊, 顾行发, 褚君浩, 等. 高分辨率定量遥感的偏振光效应与偏振遥感新领域 [J]. 遥感学报, 2018, 22(6): 901-916.
[84] Yan L, Li Y, Chandrasekar V, et al. General review of optical polarization remote sensing [J]. International Journal of Remote Sensing, 2020, 41(13):

4853-4864.

[85] 高浩, 唐世浩, 韩秀珍. 风云气象卫星发展及其应用 [J]. 科技导报, 2021, 39(15): 9-22.

[86] 张庆君, 马世俊. 中巴地球资源卫星技术特点及技术进步 [J]. 中国航天, 2008, (4): 13-18.

[87] 吕伟, 朱建军. 北斗卫星导航系统发展综述 [J]. 地矿测绘, 2007, (3): 29-32, 36.

[88] 王润生, 熊盛青, 聂洪峰, 等. 遥感地质勘查技术与应用研究 [J]. 地质学报, 2011, 85(11): 1699-1743.

[89] 中国科学院院刊编辑部. 遥感飞机与航空遥感系统 [J]. 中国科学院院刊, 2015, 30(Z2): 8.

[90] 金鼎坚, 王建超, 吴芳, 等. 航空遥感技术及其在地质调查中的应用 [J]. 国土资源遥感, 2019, 31(4): 1-10.

[91] 樊邦奎, 张瑞雨. 无人机系统与人工智能 [J]. 武汉大学学报(信息科学版), 2017, 42(11): 1523-1529.

[92] 晏磊, 吕书强, 赵红颖, 等. 无人机航空遥感系统关键技术研究 [J]. 武汉大学学报(工学版), 2004, (6): 67-70.

[93] Li D, Shan J, Gong J, et al. Geospatial Technology for Earth Observation [M]. Berlin: Springer, 2009.

[94] 李传荣. 高分辨遥感综合定标技术系统的研发助推我国遥感产业进入发展新阶段 [J]. 科技促进发展, 2016, (3): 371-376.

[95] 晏磊, 孙岩标, 林沂, 等. 高分辨率遥感的数学物理基础 [M]. 北京: 科学出版社, 2020.

[96] 李江波, 饶秀勤, 应义斌. 农产品外部品质无损检测中高光谱成像技术的应用研究进展 [J]. 光谱学与光谱分析, 2011, 31(8): 2021-2026.

[97] 刘又夫, 周志艳, 田麓弘, 等. 红外热成像技术在农业中的应用 [J]. 农业工程, 2019, 9(11): 102-110.

[98] 陈聪, 王云阳, 梁辰, 等. 红外热成像技术在发电厂变压器运维中的应用[J]. 科学技术创新, 2020, (28): 26-27.

[99] 李骁捷, 涂伟伟, 孙广川, 等. 红外热成像仪检测并网光伏电站组件分析[J]. 中国检验检测, 2022, 30(1): 17-20.

[100] 郭庆华, 刘瑾, 李玉美, 等. 生物多样性近地面遥感监测:应用现状与前景展望 [J]. 生物多样性, 2016, 24(11): 1249-1266.

[101] 张银, 任国全, 程子阳, 等. 三维激光雷达在无人车环境感知中的应用研究 [J]. 激光与光电子学进展, 2019, 56(13): 9-19.

[102] 朱春阳, 万剑华, 刘善伟, 等. 空天协同的海上溢油监测案例分析 [J]. 船海工程, 2020, 49(2): 80-83, 88.

[103] 姜鑫, 陈武雄, 聂海涛, 等. 航空遥感影像的实时舰船目标检测 [J]. 光学精密工程, 2020, 28(10): 2360-2369.

[104] 袁洪, 张扬, 来奇峰, 等. 低轨星座/惯导紧组合导航技术研究 [J]. 导航定位与授时, 2022, 9(1): 41-49.

[105] 周海渊, 王旭良, 李红艳, 等. 静电陀螺监控器对航天器定轨精度影响分析 [J]. 中国惯性技术学报, 2016, 24(1): 6-8, 25.

[106] 吴晓莉, 陈金培, 赵毅, 等. 全球卫星导航系统公开服务性能指标体系综述[C]. 第十三届中国卫星导航年会, 中国北京, F, 2022.

[107] 章燕申. 高精度导航系统 [M]. 北京: 中国宇航出版社, 2005.

[108] Zhao L, Huang S, Yan L, et al. A new feature parametrization for monocular SLAM using line features [J]. Robotica, 2015, 33(3): 513-536.

[109] 褚君浩, 胡志高. 红外偏振效应和偏振遥感研究进展 [J]. 遥感学报, 2018, 22(6): 926-934.

[110] 彭学峰, 万玮, 李飞, 等. GNSS-R 土壤水分遥感的适宜性分析 [J]. 遥感学报, 2017, 21(3): 341-350.

[111] Muheim R, Phillips J B, Akesson S. Polarized light cues underlie compass calibration in migratory songbirds [J]. Science, 2006, 313(5788): 837-839.

[112] Horváth G, Barta A, Pomozi I, et al. On the trail of vikings with polarized skylight: Experimental study of the atmospheric optical prerequisites allowing polarimetric navigation by Viking seafarers [J]. Philosophical Transactions of the Royal Society B: Biological Sciences, 2011, 366(1565): 772-782.

[113] Sterzik M F, Bagnulo S, Palle E. Biosignatures as revealed by spectropolarimetry of earthshine [J]. Nature, 2012, 483(7387): 64-66.

[114] Qu Z, Zhang X, Xue Z, et al. Linear polarization of flash spectrum observed from a total solar eclipse in 2008 [J]. The Astrophysical Journal, 2009, 695(2): L194.

[115] Chandrasekhar S. Radiative Transfer[M]. North Chelmsford: Courier Corporation, 2013.

[116] Yan L, Li Y, Chen W, et al. Temporal and spatial characteristics of the global skylight polarization vector field [J]. Remote Sensing, 2022, 14(9): 2193.

[117] 晏磊. 可持续发展基础：资源环境生态巨系统结构控制 [M]. 北京：华夏出版社, 1998.

[118] 晏磊, 李英成, 赵世湖, 等. 航空遥感平台通用物理模型及可变基高比系统精度评价 [J]. 测绘学报, 2018, 47(6): 748-759.
[119] 晏磊, 徐华. APS 智能摄影系统 [M]. 北京: 北京大学出版社, 2002.
[120] Duan Y, Chen W, Wang M, et al. A relative radiometric correction method for airborne image using outdoor calibration and image statistics [J]. IEEE Transactions on Geoscience and Remote Sensing, 2013, 52(8): 5164-5174.
[121] Fashae O A, Adagbasa E G, Olusola A O, et al. Land use/land cover change and land surface temperature of Ibadan and environs, Nigeria[J]. Environmental Monitoring and Assessment, 2020, 192(2): 1-18.
[122] Huibers P D T. Models for the wavelength dependence of the index of refraction of water[J]. Applied Optics, 1997, 36(16): 3785-3787.
[123] Jin M, Liang S. An improved land surface emissivity parameter for land surface models using global remote sensing observations[J]. Journal of Climate, 2006, 19(12): 2867-2881.
[124] 王振. 夏热冬冷地区基于城市微气候的街区层峡气候适应性设计策略研究[D]. 华中科技大学, 2008.
[125] 唐伯惠. 热红外地表发射率遥感反演研究 [M]. 热红外地表发射率遥感反演研究, 2014.
[126] Libonati R, Dacamara C C, Pereira J, et al. Retrieving middle-infrared reflectance for burned area mapping in tropical environments using MODIS[J]. Remote Sensing of Environment, 2010, 114(4): 831-843.
[127] Li Z, Li J, Li Y, et al. Determining diurnal variations of land surface emissivity from geostationary satellites [J]. Journal of Geophysical Research: Atmospheres, 2012, 117(D23): 23302.
[128] Wehbe Y, Temimi M, Ghebreyesus D, et al. Consistency of precipitation products over the Arabian Peninsula and interactions with soil moisture and water storage [J]. Hydrological Sciences Journal, 2018, 63(3): 408-425.
[129] 晏磊, 赵红颖, 罗妙宣. 数字成像基础及系统技术 [M]. 北京: 电子工业出版社, 2007.
[130] 晏磊, 陈瑞, 孙岩标. 极坐标数字摄影测量理论与空间信息坐标体系初探[J]. 测绘学报, 2018, 47(6): 705-721.
[131] 童小华, 叶真, 刘世杰. 高分辨率卫星颤振探测补偿的关键技术方法与应用[J]. 测绘学报, 2017, 46(10): 9.
[132] Sun Y, Zhao L, Huang S, et al. L2-SIFT: SIFT feature extraction and matching for large images in large-scale aerial photogrammetry [J]. ISPRS

Journal of Photogrammetry and Remote Sensing, 2014, 91: 1-16.
[133] 晏磊, 赵红颖, 刘绥华, 等. 高级遥感数字图像处理数学物理教程 [M]. 北京: 北京大学出版社, 2016.
[134] 姚远, 陈曦, 钱静. 定量遥感尺度转换方法研究进展 [J]. 地理科学, 2019, 39(3): 367-376.
[135] 邓中亮, 王翰华, 刘京融. 通信导航融合定位技术发展综述 [J]. 导航定位与授时, 2022, 9(2): 15-25.
[136] 高超群, 杨东凯, 裘雪敬, 等. 利用北斗系统构建 LEO-R 海洋遥感星座的理论研究 [J]. 武汉大学学报(信息科学版), 2018, 43(9): 1342-1348.
[137] 晏磊, 刘光军. 静电悬浮控制系统 [M]. 北京: 国防工业出版社, 2001.
[138] 丁衡高, 贺晓霞, 高钟毓. 应用惯性技术验证广义相对论: 2013 年新版[M]. 北京: 清华大学出版社, 2013.
[139] Yang B, Knyazikhin Y, Mõttus M, et al. Estimation of leaf area index and its sunlit portion from DSCOVR EPIC data: Theoretical basis [J]. Remote Sensing of Environment, 2017, 198: 69-84.
[140] Knyazikhin Y, Schull M A, Stenberg P, et al. Hyperspectral remote sensing of foliar nitrogen content [J]. Proceedings of the National Academy of Sciences, 2013, 110(3): E185-E192.
[141] Ollinger S V, Richardson A D, Martin M E, et al. Canopy nitrogen, carbon assimilation, and albedo in temperate and boreal forests: Functional relations and potential climate feedbacks [J]. Proceedings of the National Academy of Sciences, 2008, 105(49): 19336-19341.
[142] 晏磊, 姜凯文, 樊邦奎, 等. 遥感信息质量提升的源端方法及其地学-光电参量关联物理基础 [J]. 中国科学: 技术科学, 2021, 51(1): 65-77.
[143] 李国, 姜凯文, 王勇, 等. 无人机遥感组网冗余容错的研究 [J]. 地理科学进展, 2021, 40(9): 1480-1487.
[144] Abdel-Hakim A E, Farag A A. CSIFT: A SIFT descriptor with color invariant characteristics[C]. Proceedings of the 2006 IEEE Computer Society Conference on Computer Vision and Pattern Recognition (CVPR'06), 2006.
[145] Liu C, Yuen J, Torralba A. Sift flow: Dense correspondence across scenes and its applications [J]. IEEE Transactions on Pattern Analysis and Machine Intelligence, 2010, 33(5): 978-994.
[146] Scovanner P, Ali S, Shah M. A 3-dimensional sift descriptor and its application to action recognition[C]. The Proceedings of the 15th ACM International Conference on Multimedia, 2007.

[147] Vaser R, Adusumalli S, Leng S N, et al. SIFT missense predictions for genomes [J]. Nature Protocols, 2016, 11(1): 1-9.

[148] Sim NL, Kumar P, Hu J, et al. SIFT web server: Predicting effects of amino acid substitutions on proteins [J]. Nucleic Acids Research, 2012, 40(W1): W452-W457.

[149] Xia K J, Yin H S, Zhang Y D. Deep semantic segmentation of kidney and space-occupying lesion area based on SCNN and ResNet models combined with SIFT-flow algorithm [J]. Journal of Medical Systems, 2019, 43(1): 1-12.

[150] Stefanuto PH, Zanella D, Vercammen J, et al. Multimodal combination of GC× GC-HRTOFMS and SIFT-MS for asthma phenotyping using exhaled breath [J]. Scientific Reports, 2020, 10(1): 1-11.

[151] Rashid M, Khan M A, Sharif M, et al. Object detection and classification: A joint selection and fusion strategy of deep convolutional neural network and SIFT point features [J]. Multimedia Tools and Applications, 2019, 78(12): 15751-15777.

[152] Chen J, Bataillon T, Glémin S, et al. Hunting for beneficial mutations: Conditioning on SIFT scores when estimating the distribution of fitness effect of new mutations [J]. Genome Biology and Evolution, 2022, 14(1): evab151.

[153] Chang H H, Wu G L, Chiang M H. Remote sensing image registration based on modified SIFT and feature slope grouping [J]. IEEE Geoscience and Remote Sensing Letters, 2019, 16(9): 1363-1367.

[154] 刘力帆, 王斌, 张立明. 基于自组织映射和模糊隶属度的混合像元分解[J]. 计算机辅助设计与图形学学报, 2008, 20(10): 1307-1315.

[155] Goldstein D H. Polarized Light [M]. Boca Raton: CRC Press, 2017.

[156] Schott J R. Fundamentals of Polarimetric Remote Sensing [M]. Bellingham: SPIE Press, 2009.

[157] 晏磊, 陈伟, 相云, 等. 偏振遥感物理 [M]. 北京: 科学出版社, 2014.

[158] Yang B, Knyazikhin Y, Lin Y, et al. Analyses of impact of needle surface properties on estimation of needle absorption spectrum: Case study with coniferous needle and shoot samples [J]. Remote Sensing, 2016, 8(7): 563.

[159] LeCun Y, Bengio Y, Hinton G. Deep learning [J]. Nature, 2015, 521(7553): 436-444.

[160] Westoby M J, Brasington J, Glasser N F, et al. 'Structure-from-Motion' photogrammetry: A low-cost, effective tool for geoscience applications [J].

Geomorphology, 2012, 179: 300-314.

[161] Mildenhall B, Srinivasan P P, Tancik M, et al. Nerf: Representing scenes as neural radiance fields for view synthesis[J]. Communications of the ACM, 2021, 65(1): 99-106.

[162] Xiangli Y, Xu L, Pan X, et al. CityNeRF: Building NeRF at city scale [J]. arXiv preprint arXiv:211205504, 2021.

[163] Ladický L, Sturgess P, Russell C, et al. Joint optimization for object class segmentation and dense stereo reconstruction [J]. International Journal of Computer Vision, 2012, 100(2): 122-133.

[164] Wan J, Alper Y, Yan L. Machine vision special issue: Building match graph using deep convolution feature for structure from motion [J]. 测绘学报(英文版), 2018, 47(6): 882-891.

[165] 廖小罕. 中国对地观测 20 年科技进步和发展 [J]. 遥感学报, 2021, 25(1): 267-275.

[166] 李德仁, 丁霖, 邵振峰. 面向实时应用的遥感服务技术 [J]. 遥感学报, 2021, 25(1): 15-24.

[167] 童庆禧, 孟庆岩, 杨杭. 遥感技术发展历程与未来展望 [J]. 城市与减灾, 2018, (6): 2-11.